"十二五"职业教育国家规划教材
经全国职业教育教材审定委员会审定

★获中国石油和化学工业优秀教材奖★

中等职业教育化学工艺专业系列教材

HSEQ与清洁生产

HSEQ YU QINGJIE SHENGCHAN

第二版

赵薇　周国保　主编　　张荣　主审

化学工业出版社
·北京·

本书是根据教育部近期制定的《中等职业学校化学工艺专业教学标准》，由全国石油和化工职业教育教学指导委员会组织修订的全国中等职业学校规划教材。内容包括健康（H）、安全（S）、环境（E）、质量（Q）及清洁生产五个方面。全书共六篇，第一至第四篇为理论部分，从化工安全与职业健康、环境、质量、清洁生产四个方面入手，着重介绍化工生产安全、环境保护、质量管理常规理论及对化工企业开展清洁生产的认识；第五、第六篇为实训部分，侧重于能力训练，主要围绕化工安全标识、防护及职业危害与急救的基本技能，进行系统训练。理论部分与实训部分内容相互支持、相互渗透，但结构又相互独立，读者可以根据需求有所侧重，灵活学习。

本书既可作为中等职业学校化学工艺专业的教材，又适用于化工企业操作人员的HSEQ培训。

图书在版编目（CIP）数据

HSEQ与清洁生产/赵薇，周国保主编．—2版．—北京：化学工业出版社，2015.8（2021.2重印）
“十二五”职业教育国家规划教材
ISBN 978-7-122-24622-6

Ⅰ.①H… Ⅱ.①赵…②周… Ⅲ.①化学工业-安全技术-中等专业学校-教材②化学工业-无污染技术-中等专业学校-教材 Ⅳ.①TQ086②X78

中国版本图书馆CIP数据核字（2015）第158431号

责任编辑：旷英姿　　装帧设计：王晓宇
责任校对：蒋　宇

出版发行：化学工业出版社（北京市东城区青年湖南街13号　邮政编码100011）
印　　刷：北京京华铭诚工贸有限公司
装　　订：三河市宇新装订厂
787mm×1092mm　1/16　印张13½　字数293千字　2021年2月北京第2版第5次印刷

购书咨询：010-64518888　　售后服务：010-64518899
网　　址：http://www.cip.com.cn
凡购买本书，如有缺损质量问题，本社销售中心负责调换。

定　　价：36.00元

前 言

目前，健康、安全、环境和质量（HSEQ）领域已经打破了它们的许多传统界限，并且由于四者内在规律的相似性，正向着一体化的专业领域发展。

《HSEQ与清洁生产》第二版是根据教育部近期制定的《中等职业学校化学工艺专业教学标准》，由全国石油和化工职业教育教学指导委员会组织修订的全国中等职业学校规划教材。修订后的教材增加了大量图片，力求使本书图文并茂、通俗易懂，也增强了本书的趣味性，从而达到对知识的有效吸纳。另外，特别增加“爆炸”一个模块，使本书的知识内容更加完善。该教材以综合化的、集成化的思路和知识体系，从理论知识与操作技能相结合的角度，为广大读者提供了一本整合化工健康、安全、环境和质量及清洁生产相关知识内容为一体的专业书籍。

本教材密切结合职业教学特点，理论与实训相互渗透，以行动为导向，以任务为引领，突出项目教学，注意培养经验型的学习能力。每一个模块的教学时数可以根据不同地区的教学需求而定。为方便教学，本书配有电子课件。

由于水平有限，不完善之处在所难免，真诚期待广大读者批评指正。

编　者

2015年4月

第一版前言

近年来，健康（H）、安全（S）、环境（E）和质量（Q）领域已经打破了它们的许多传统界限，并且由于它们内在规律的相似性，正向着一体化的专业领域发展。

由于石油和化工领域内企业的健康、安全、环境和质量管理方法在原则上和实际执行过程中有着相似和不可分割的联系，同时也正是基于对这种一体化的认识和追求，本书以综合的、集成化的思路和知识体系，从理论知识与操作技能相结合的角度，为广大读者提供了一本集健康、安全、环境和质量及清洁生产相关知识内容为一体的教材。

本教材是根据中国化工教育协会编制的《全国中等职业教育化学工艺专业教学标准》和《全国中等职业教育化学工艺专业指导性教学方案》（2007.8）编写的。

本教材密切结合职业教学特点，理论与实训相互渗透，以行动为导向，以任务为引领，突出项目教学，注意培养经验型的学习能力。全书共六篇，第一至第四篇为理论部分，从安全与职业健康、环境、质量、清洁生产四个方面入手，着重介绍化工生产安全、环境保护、质量管理常规理论及对化工企业开展清洁生产的认识；第五、第六篇为实训部分，侧重于能力训练，主要围绕化工安全标识、防护及职业危害与急救的基本技能，进行系统训练。第一～第四篇建议以30学时左右为宜，第五、第六篇建议以26学时左右为宜，其中每一个模块的教学时数可以根据不同地区的教学需要而定。本书可供中等职业院校化工类专业的学生使用，也可作为化工企业操作人员HSEQ的培训教材。为方便教学、本书配套有电子课件。

本书由上海信息技术学校赵薇和江西省化学工业学校周国保主编。其中赵薇编写第一篇模块一、二、五、六，第二篇模块三，第四篇及第五篇模块三、四；周国保编写第一篇模块三、四、八，第二篇模块一，第三篇，第五篇模块一及第六篇；北京市化工学校闫晔编写第一篇模块七、九、十，第二篇模块二，第五篇模块二、五、六。全书由赵薇统稿，重庆市化医高级技工学校张荣主审。

上海信息技术学校的领导对本书的编写工作给予了大力支持，福建化工学校庄铭星校长为本书的审稿提出了诸多宝贵意见和建议，在此表示感谢。由于编者水平有限，时间仓促，不完善之处在所难免，真诚期待广大读者批评指正。

编　者

2008年8月

目 录

第一篇

安全与职业健康

模块一
行为安全观察

本模块任务

① 认识行为安全；
② 学会行为安全观察；
③ 针对观察到的结果进行有效的分析与识别。

1 为什么要认识行为安全

行为安全，或者有时也叫“基于行为的安全”，是在员工参与下的行为心理学的应用，以促进工作场所的安全行为。行为安全是一个经过制定的、系统的、执行的程序。该程序定义了有限的一组行为，可减少与工作相关的伤害风险；收集重要的安全习惯的数据；确保反馈和强化，以鼓励和支持那些重要的安全习惯。在典型的行为程序中，员工进行观察并提供与其工作领域相关的反馈。这些观察可以提供数据用来识别工作场所中存在的问题，进而解决问题并持续改进。工作场所的安全是三种可测量因素的结合：人、环境和人的行为。人的因素包括员工的身体能力、培训、经验。工作环境包括工程控制、设备、工作任务和文化。人和环境通常都会被认为是非常重要的，而人在工作中的行为却常常被作为忽略的因素。只有当这三种因素结合到一起，工作场所的事故才能避免。员工只有正确地选择工作场所安全的行为才能安全、健康、愉快地工作。

段落话题

行为安全与员工有何关系？

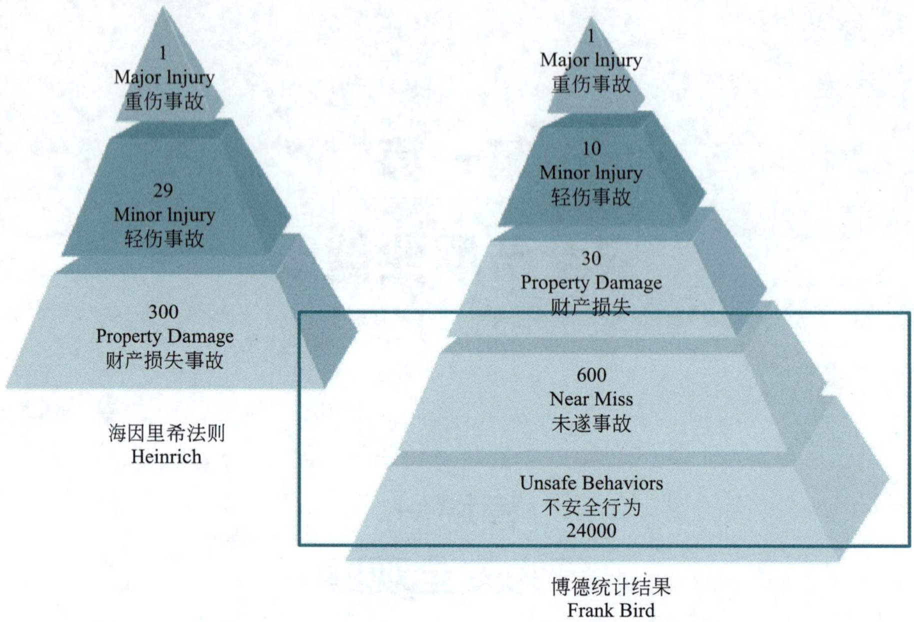

BBS（Behavior Based Safety）行为安全观察

2 为什么要学习行为安全观察

行为安全以四个关键内容为基础：行为观察、对观察数据进行正式的评论、改进目标、巩固提高和实现目标。而行为观察是程序中最重要的内容之一。观察可以提供直接的、可测量的员工安全工作行为的信息。观察员工日常工作行为并记录安全的和不安全的行为。对员工安全行为提供积极反馈，为员工提出建议来改正不安全行为。在此模块中，重点学习行为安全观察。

3 如何进行行为安全观察

应用识别-行动法。通过观察识别不安全、险肇事故和安全。观察——用眼睛看，用脑子想，观察别人，反射自己。要识别关键行为——会导致事故的不安全行为；能有效预防事故的安全行为。好的观察是识别的基础。针对观察中发现的问题，要采取行动-沟通（反思、仔细聆听、达成共识）来预防事故，强化安全教育。

在观察过程中要关注两个焦点：不安全的状态和不安全的行为。其中，状态观察是识别的基础，而行为观察（对人的观察）则是识别的必要条件。

在状态观察中应注意以下内容：

① 事实是什么？

② 为什么你认为观察到的事实存在问题？

③ 是什么问题？

④ 问题是谁造成的？

⑤ 结果会是什么？

⑥ 结果是否有害？

⑦ 怎样避免这种结果？

你在行为观察中应注意以下内容：

① 正在做什么？

② 为什么这么做？

③ 怎样做的？

④ 如果被打扰会有什么样的后果？

⑤ 后果是什么？

⑥ 后果是否带来问题？

⑦ 怎样避免后果？

观察之后，进行A-B-C分析（前提-行为-结果分析）。在做行为安全观察（BBS）时，会得出一些结果。那么如何对这些结果进行分析，有一个简单的方法叫做ABC，即通过A（Activator 刺激因素），B（at-risk Behaviors 冒险行为），C（Consequence 后果）来对结果进行分析。例如，你观察到一名员工没带听力保护，他处于高噪声环境。进行A-B-C分析，见表1-1。

表1-1 A-B-C分析表

A（前提）	B（行为）	C（结果）
没有耳塞	不戴听力保护	20年后耳聋或耳鸣
没有提示标识		暂时失聪
没人戴		不舒服
忘记了		节约时间
太忙		能听到设备毛病
没人要求		大家都不戴了
耳朵有病		
这个分析揭示了他为什么不戴听力保护		

针对上述表格分析的A（前提）及C（结果）的诸多因素，可以采取改进行动消除前提及后果或减小其影响力。见表1-2、表1-3。

表1-2 前提-改进行动表

前提	改进行动
没有耳塞	提供耳塞
没有提示标识	悬挂警示标识
没人戴	团队安全工作方法
忘记了	
太忙	
没人要求	
耳朵有病	提供医疗

表1-3　结果-改进行动表

结果	改进行动
20年后耳聋或耳鸣	培训教育
暂时失聪	
不舒服	提供可选择的听力保护措施
节约时间	团队检查工作态度
能听到设备毛病	
大家都不戴了	

行动——针对发现的问题采取行动，经过反思、仔细聆听、最后达成共识。反思可以通过反射法，观察别人，反射自己；设问，如果发生意外怎么办？仔细聆听，说明要对同事的话表示感兴趣，并且很在乎，同时提出问题以加强理解。与你观察的当事人交谈并共同分析行为结果，给出你避免事故的想法或重复他人的观点，最后达成共识，以正面的态度总结。这种反馈是有效地影响行为的方法，是针对某一目标完成情况的衡量。没有反馈，就没有参照来进行行为决定。通过时常的反馈，你可以增强对风险的认识，提高自我观察，从而找出安全工作的潜在障碍，最终达到提升安全文化，强化安全教育的目的。

行为观察过程的系统运作过程如图1-1所示。

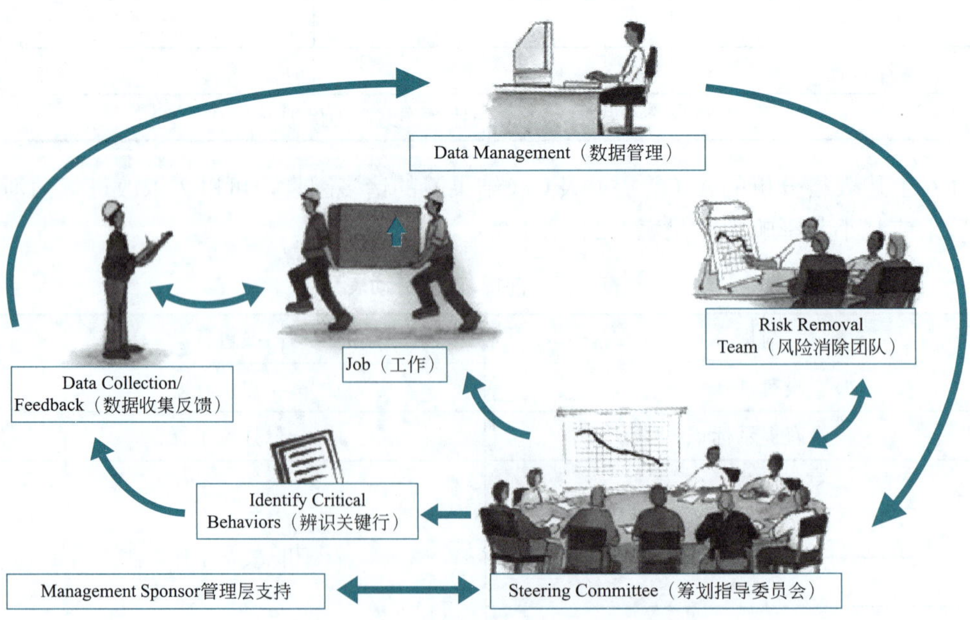

图1-1　行为观察过程的系统运作过程

段落话题

（1）在图1-2 ~图1-4中，你看到了什么?

（2）每幅图片中，你所观察到的情景会引发什么?

（3）你再想想，又是什么导致了这些情景的发生?

图1-2

图1-3

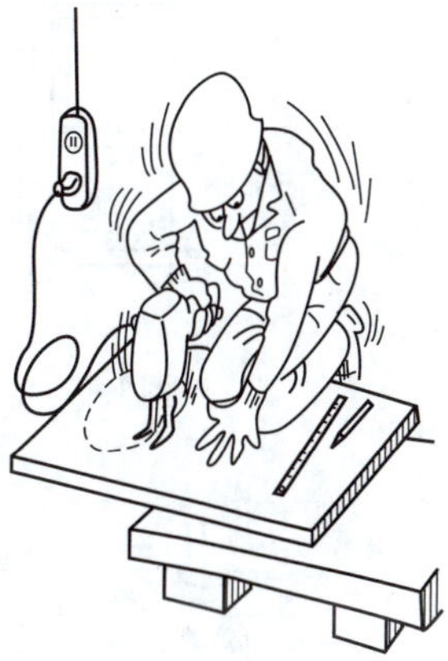

图1-4

4 为了开展好行为安全观察，我们能做什么

公司可以做两件事情来为行为安全观察打好基础。第一，确保经理和主管做到有效的领导，建立与员工良好的工作关系，鼓励开放的对话和沟通。这样做的结果是，信任的管理环境有助于员工最大限度地接受行为安全观察。第二，施行管理需要组织，特别强调物质危险和不安全工作状态。

课程总结

（1）何谓行为安全？行为安全是一个经过制定的、系统的、执行的程序。该程序定义了有限的一组行为，可减少与工作相关的伤害风险；收集重要的安全习惯的数据；确保反馈和强化，以鼓励和支持那些重要的安全习惯。

（2）行为安全观察：应用识别-行动法。好的观察是识别关键行为的基础。针对观察结果采取行动，能有效的预防事故，达到提升安全文化、加强安全教育的目的。

（3）A-B-C分析：采用A（前提）-B（行为）-C（结果）分析法对观察结果进行分析。

自我测试

问答题

观察图1-5 ～图1-9并分析：

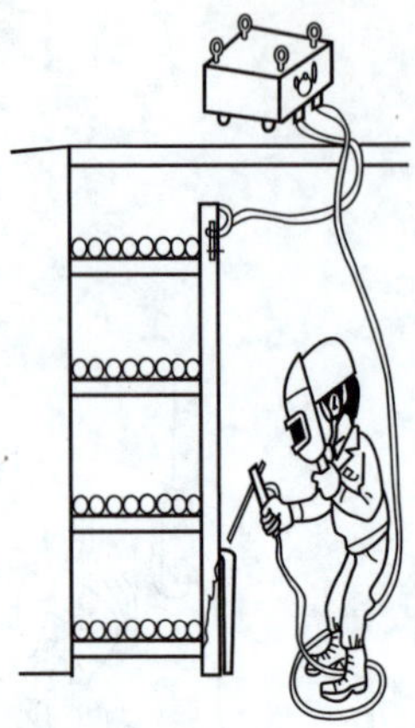

图1-5

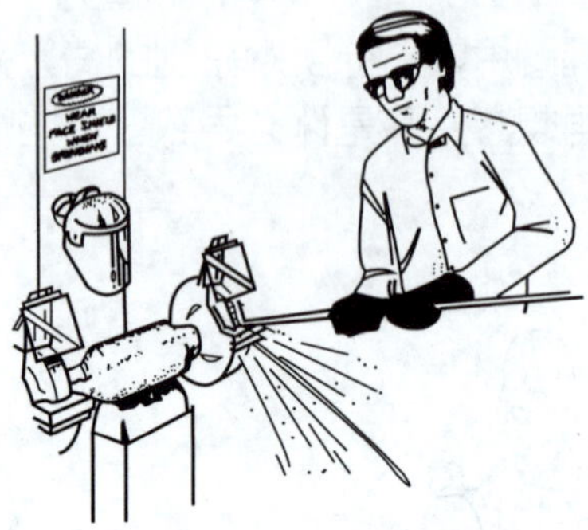

图1-6

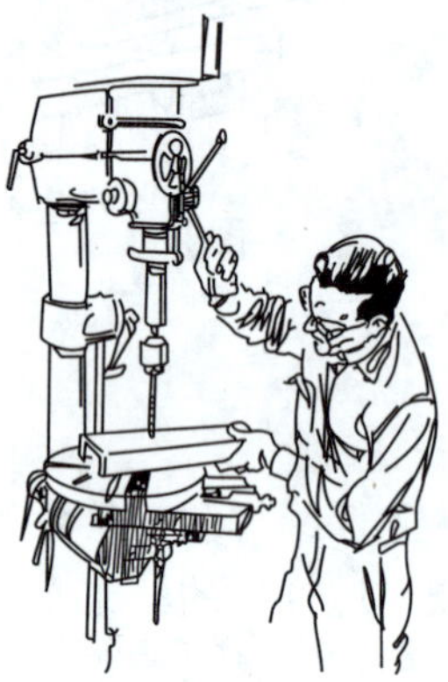

图1-7

图1-8

图1-9

① 他们是些什么人？他们在做什么？

② 他们做错了什么？

③ 这样做的前提和后果是什么？

④ 怎样改进？

课程评估

【任务】 选择某一种间歇反应的实训装置，学生分成小组，分别进行投料操作。

要求 投料操作过程由教师自行设计，但不宜过于复杂。每一组学生在进行投料操作时，可以自己设计一些不安全的工作状态或不安全的操作行为。其他组进行行为安全观察，做出A-B-C分析并提出改进行动。建议用表格完成。

评估 组与组之间互评，教师总结性评论。

模块二
工业固体废物的处理与处置

本模块任务

① 解释废物对环境的影响；
② 解释废物的处理、处置方法；
③ 认识废物管理的新概念。

1 为什么要学习工业固体废物的处理与处置

固体废物是指人们在开发建设、生产经营和日常生活活动中向环境排出的固体和泥状废物。固体废物不适当地堆置除有损环境美观外，还产生有毒有害气体和扬尘，污染周围环境空气；废物经雨水淋溶或地下水浸泡，有毒有害物质随淋滤水迁移，污染附近江河湖泊及地下水；同时淋滤水的渗透，破坏土壤团粒结构和微生物的生存条件，影响植物生长发育；所以固体废物是污染环境的重要污染源。而固体废物的很大一部分来源就是工业废物。工业固体废物种类多，成分复杂，其处理方法也多种多样。特别是在处理危险废物时，会有潜在较高的环境风险。所以，对于一个生产企业而言，应尽量减少废物的产生。

2 工业固体废物如何分类

工业固体废物就其毒性和有害程度，可分为危险废物和一般废物。所谓危险废物是指具有腐蚀性、急性毒性、浸出毒性、反应性及放射性等一种或一种以上危害特性的废物。根据《中华人民共和国固体废物污染环境防治法》，国家制定了《国家危险废物名录》。凡是《国家危险废物名录》中所列均属危险废物，应列入国家危险废物管理范围。《国家危险废物名录》中共列出了47类危险范围的编号、废物类别、废物来源和常见危险组分或废物名称。含有上述废物，但低于鉴别标准的，不列入国家危险废物管理，属于一般废物。一般废物的管理和处置要求比较简单，而危险废物的管理和处置比较严格，要求的技术水平高。此外，化工行业还会产生一些废液，含有机物达1%以上，往往也与固体危险废物一起处理。

段落话题

何谓危险废物？

3 工业固体废物如何处理、处置

3.1 回收利用、资源化

目前积存的主要工业固体废物煤矸石、锅炉渣、粉煤灰、高炉渣、钢渣及尘泥等，只要进行适当的调制加工即可制成不同标号的水泥和其他建筑材料。玻璃制品、塑料制品等都可以回收利用。

3.2 焚烧

这里所说的焚烧是焚化燃烧危险废物，使之分解并无害化的过程。焚烧运用于处理不能再循环、再利用或直接安全填埋的危险废物。焚烧既可以处理含有热值的有机物并回收其热能，也可以通过残渣熔融使重金属稳定化，是同时实现减量化、无害化和资源化的一种重要处置手段。但在焚化的同时，也会释放一些有害物质，如二氧化硫、氮氧化物、二氧化碳等。此外，废物焚烧后还会产生部分炉渣。

3.3 填埋

填埋是一种把废物放置或储存在环境中的处理方法。对危险物而言，填埋是在对其进行各种方式的处理之后，所采取的最终处置措施，目的是阻断废物同环境的联系，使其不对环境和人体健康造成危害。因此，是否能够阻断废物同环境的联系，便是填埋处置成功与否的关键。

一个完整的填埋场包括废物预处理系统、填埋坑、沥滤液收排系统、最终覆盖系统、集排气系统、雨水排放系统、防尘洒水系统、监测系统和管理系统等。填埋场封场后要继续维护，监测三十年，保持长期稳定，防止风化侵蚀、洪水和扬尘，以保证周围环境免受污染。

3.4 好氧堆肥

好氧堆肥是在有氧的条件下，借好氧微生物（主要是好氧细菌）的作用来使有机物质透过微生物的细胞壁和细胞膜而被微生物吸收。固体的和胶体的有机物先附着在微生物体外，由生物所分泌的胞外酶分解为可溶性物质，再渗入细胞。微生物通过自身的生命活动氧化还原和生物合成过程，把一部分被吸收的有机物氧化成简单的无机物，并放出生物生长活动所需要的能量；把另一部分有机物转化合成新的细胞物质，使微生物生长繁殖，生产更多的生物体。由于好氧堆肥温度高，一般在50～60℃，甚至可达80～90℃，故亦称为高温堆肥。好氧堆肥温度高，可以杀灭病原体、虫卵和垃圾中的植物种子，使堆肥达到无害化。此外，好氧堆肥的环境条件好，不会产生臭气。目前采用的堆肥工艺一般均为好氧堆肥。当然，由于好氧堆肥必须维持一定的氧浓度，因此运转费用较高。

3.5 厌氧堆肥

厌氧堆肥是在无氧条件下，借厌氧微生物（主要是厌氧细菌）的作用来进行的。厌氧堆肥的特点是工艺简单，通过堆肥自然发酵分解有机物，不必由外界提供能量。当有机物进行厌氧分解时，主要经历了两个阶段：酸性发酵阶段和碱性发酵阶段。分解初期，微生物活动中的分解产物是有机酸、醇、二氧化碳、氨、硫化氢等。在这一阶段中，有机酸大量积累，pH随着下降，所以叫做酸性发酵阶段，参与的细菌统称为产酸细菌。在分解后期，由于所产生的氨的中和作用，pH逐渐上升；同时，另一群统称为甲烷细菌的微生物开始分解有机酸和醇，产物主要是甲烷和二氧化碳。随着甲烷细菌的繁殖，有机酸迅速分解，pH迅速上升，这一阶段的分解叫碱性发酵阶段。厌氧堆肥运转费用低，如果对所产生的甲烷气处理得当，还有利用的可能。但是，厌氧堆肥对有机物分解缓慢且堆肥周期长（一般需4～6个月），易产生恶臭，且占地面积大。因此，厌氧堆肥不适合大面积推广应用。

段落话题

填写表1-4。

表1-4 固体废物优缺点对照表

固体废物处理方法	优点	缺点	举例
回收利用、资源化			
焚烧			
填埋			

4 工业固体废物怎样管理

工业固体废物特别是有毒有害废物的无序管理已经严重地影响到一些江、河的水质和某些区域的地下水质，威胁着人们赖以生存的环境。许多发达国家在工业发展的道路上曾经有过十分沉痛的教训。所以，近二三十年来，在实践中逐步确定了一个新的废物管理模式。

4.1 设立专门的废物管理机构

国家设立专门的废物管理机构，负责制定废物管理的法规和方针政策；审批和发放废物经营单位废物经营许可证；对废物科研进行统一安排和协调；对废物产生和运输、储存、加工处理、最终处置进行监督管理；对废物经营者和经营效果进行评估奖惩；推广废物经营管理经验。

4.2 全过程管理

即对废物从“出生”那一时刻起对废物的产生、收集、运输、储存、再循环、再利用、加工处理直至最终处置（进入“坟墓”）实行全过程管理，以实现废物减量化、资源化和无害化。

4.3 固体废物最小量化

实现废物管理的基点是使废物最小量化。最小量化是针对废物最终体积而言的，它包括如下内容。

① 培养每个生产及生产管理人员，在每个岗位、每个工段、每个环节树立废物最小量化意识，负起最小量化责任，建立废物最小量化制度和操作规范。

② 改进生产工艺或设计、选择适当原料，使生产过程不产生废物或少产生废物。

③ 制定科学的运行操作程序使废物实现合理可达到的尽可能少。

④ 对有可能利用的废物进行循环和回收利用。

⑤ 采用压缩、焚烧等技术，减少处置废物体积。

⑥ 实行奖惩制度，提高员工废物最小量化的积极性和创新精神。

⑦ 实行废物交换。通常，一个行业或企业的废物有可能是另一个行业或企业的原料，通过现代信息系统对废物进行交换。这种废物交换已不同于一般意义上的废物综合利用，而是利用现代信息技术对废物资源实行合理配置的一种系统工程。

⑧ 废物审计。过去粗放型的管理对废物的产生、收集、处理、处置和排放一般都没有严格的程序。工作人员缺乏必要的环保意识以致经常出现废物不应发生的增量或出现跑、冒、滴、漏，甚至非法排放，造成环境污染。而废物审计制度是对废物从产生、处理到处置排放实行全过程监督的有效手段。它的主要内容有：废物合理产生的估量；废物流向和分配及监测记录；废物处理和转化；废物有效排放和废物总量衡算；废物从产生到处置的全过程评估。废物审计的结果可以及时判断工艺的合理性，发现操作过程中是否有跑、冒、滴、漏或非法排放。有助于改善工艺、改进操作，实现废物最小量化。

⑨ 建立废物信息和转移跟踪系统。废物从产生起直至最终处置的每个环节实行申报、登记、监督跟踪管理。废物产生者和经营者要对所产生的废物的名称、时间、地点、生产厂家、生产工艺、废物种类、组成、数量、物理化学特性和加工、处理、转移、储存、处置以及它们对环境的影响向废物管理机构进行申报、登记，所有数据和信息都存入信息系统并实行跟踪。管理部门对废物业主和经营者进行监督管理和指导。

⑩ 对废物储存、运输、加工处理、处置实行许可证制度。废物的储存、转运、加工处理，特别是处置实行经营许可证制度。经营者原则上应独立于废物生产者，经营者和经营人员必须经过专门的培训，并经考核取得专门的资格证书，经营者必须持有专门的废物管理机构发放的经营许可证，并接受废物管理机构的监督检查。废物经营实行收费制，促进废物最小量化。

段落话题

工业固体废物为什么要分类收集？

课程总结

（1）固体废物是指人们在开发建设、生产经营和日常生活活动中向环境派出的固体和泥状废弃物。

（2）危险废物是指含有危险性物质的废物。《国家危险废物名录》中所列。其中有害物质的浓度要达到鉴别标准。

（3）废物的处理处置方法：回收利用、资源化、焚烧、填埋。

（4）废物管理：设立专门的废物管理机构、全过程管理、固体废物最小量化、实行废物交换、废物审计、建立废物信息和转移跟踪系统、实行许可证制度。

自我测试

选择题

①指出下列每种情况所属的类别：回收利用、焚烧、填埋、废物产生的预防。（　　）

a. 回收旧玻璃，重新制造　　b. 节约用纸

c. 存储矿井中含有重金属的废物　　d. 焚烧废溶剂或废矿物油

e. 回收废温度计中的水银　　f. 废催化剂送回催化剂制造厂回收贵金属

② 怎样通过预防限制废物的产生量？（　　）

a. 分离废物　　b. 储存危险废物

c. 实施清洁生产过程　　d. 焚烧废物

课程评估

【任务】 将学生分成若干个小组，针对本校化学实验室或化工及其他各类实训室产生的固体废弃物设计一套管理与处置方案。

要求 （1）在学习此模块之前，教师指导学生对本校范围内的固体废弃物进行污染源调查，具体见表1-5。

表1-5　固体废物污染源调查表

废物名称	排放地点	排放量（kg/学期）	废物中有害物质的组成	排放特征（排放周期）

（2）根据固体废物污染源调查表设计废物的管理及处置方案。

提示 （1）废物怎样分类收集（包括收集容器的颜色、标识及存放地点）。

（2）废物登记系统（范围产生地点、数量、类别）

（3）废物的处理处置方法（现有处置方法评价，如果存在不合理，如何改进？处理效果如何？）。

（4）哪些废物能充分实现回收利用、资源化？

模块三
危险化学品的储存

本模块任务

① 了解危险化学品以及对涉及单位和从业人员的要求；
② 学会危险化学品储存中风险识别；
③ 掌握危险化学品储存；
④ 了解危险化学品储存区域的要求。

1 为什么要储存危险化学品

危险化学品是具有易燃、易爆、有毒、有害及有腐蚀性，可能对人员、设施或环境等方面造成伤害或损害的化学品。如氢氧化钠、金属钠、氯化氢、盐酸等，都属于危险化学品。

储存可起到准备或滞留物品的作用。化学实验室储存危险化学品是为了准备实验药品。生产性企业储存危险化学品是为了准备原材料和中间品、或库存产品。经营性企业储存危险化学品是为了备货待售。储存应承担存放和保管两种责任。

2 储存危险化学品有哪些相关法律、法规

（1）相关法律和法规

《危险化学品安全管理条例》及国家标准《常用危险化学品储存通则（GB 15603—95）》。

（2）对危险化学品单位的规范

危险化学品单位需要获得国家有关部门的行政许可，并对其从事的危险化学品在国家有关部门进行登记申报。

（3）从业人员及规范

从事危险化学品的生产、操作、储存、搬运、运输和处置等活动的作业人员和管理人员，即危险化学品从业人员，必须接受相关法律法规、安全知识和技能培训，考核合格后方能上岗。

3 危险化学品储存中存在哪些风险

3.1 危险化学品分类

根据国标《常用危险化学品分类及标志（GB 13690—92）》，危险化学品分8类、17项。

第1类为爆炸品　（爆炸品）

　　第1项　具有整体爆炸危险的物质和物品

第2类为压缩气体和液化气体　（危险气体）

　　第1项　易燃气体；第2项不燃气体（包助燃气体）；第3项有毒气体

第3类为易燃液体　（易燃液体）

　　第1项　低闪电液体；第2项中闪电液体；第3项高闪电液体

第4类为易燃固体、自然物品和遇湿易燃物品　（易燃固体）

　　第1项　易燃固体；第2项自燃物品；第3项遇湿易燃物品

第5类为氧化剂和有机过氧化物　（氧化剂）

　　第1项　氧化剂；第2项有机过氧化物

第6类为毒害品　（毒害品）

　　第1项　毒害品

第7类为放射性物品　（放射品）

　　第1项　放射性物品

第8类为腐蚀品　（腐蚀品）

　　第1项　酸性腐蚀品；第2项碱性腐蚀品；第3项其他腐蚀品

然而，《危险化学品安全管理条例》中的危险化学品为7类，不包括第7类放射性物品。国标《危险货物品名表（GB 12268—90）》中，危险化学品为8类，但有22项，其中第1类增加四项，第6类中增加“感染性物品”项。

我国危险货物品名（包括危险化学品）编号由5位阿拉伯数字组成，分别表示所属类别（第1位）、项别（第2位）和序号（第3～5位）。如编号为41058，其中第1位的4指“易燃固体、自燃物品和遇湿易燃物品”类，第2位的1指“易燃固体”项，第3～5位的058为顺序号。

根据危险性大小，每“类.项”下又分两个级别，顺序号500以前的物品为一级危险品，500以后的物品为二级危险品。如编号为41058的危险化学品，其顺序号058小于500，因而该物品属于一级危险品。

查《危险货物品名表（GB 12268—90）》或http://www.chinasafety.gov.cn/whpcx.htm可知，编号41058的危险化学品为“火柴[任何地方可擦燃]”。

3.2　危险化学品储存风险

危险化学品的储存，依类别不同，存在不同储存风险。

（1）爆炸品

当受热、受压、受撞击时能发生剧烈的化学反应，瞬时产生大量的气体和热量，使周围压力骤然上升而引发爆炸，对周围环境造成破坏。如火药、三硝基甲苯（TNT）等。

（2）压缩气体、有毒气体以及液化气体

当受热、撞击或强烈震动时，容器内压力会急剧增大，致使容器破裂爆炸，或导致气瓶阀门松动漏气，酿成火灾、爆炸或中毒事故。其中，压缩氧气、压缩空气还是助燃剂，有助燃引爆风险。

① 易燃气体：如氢气、甲烷、乙炔等；

② 不燃气体（压缩）：如氮、氧、二氧化碳等；

③ 有毒气体：如光气、二氧化硫、氰化物、氟化氢、硫化氢等；

④ 液化气体：如液化石油气、液态乙烯、液氯、液氨等。

（3）易燃液体

指在常温下以液态形式存在，极易挥发和燃烧，其闭杯试验闪点等于或低于61℃的液体。当“燃烧三条件”满足时，会引发火灾或爆炸，甚至中毒。

如甲醇、丙酮、汽油、苯、乙醚等。注意：二硫化碳遇热后遇空气容易燃烧！

（4）易燃固体、自燃物品和遇湿易燃物品

易燃固体由于燃点低，对热、撞击、摩擦敏感，易被外部火源点燃或爆炸，并可能散发出有毒烟雾或有毒气体。自燃物品当温度稍高，会自行燃烧，放出大量热量。遇湿易燃物品当遇水或受潮时，发生剧烈化学反应，放出大量的易燃气体和热量的物品；有时不需明火，即能燃烧或爆炸。

① 易燃固体：如红磷、三硫化磷、二硝基苯、铝粉、硫黄、偶氮二异庚腈等；

② 自燃物品：如黄磷、金属钙粉、保险粉、甲醇钠等；注意：黄磷遇空气很容易燃烧！

③ 遇湿易燃物品：如活泼金属（金属钠）、金属氢化物（氢化钠）、硫氢化物、硫的金属化物、硫化物、磷化物等。注意：不纯铝粉遇潮湿容易燃烧、爆炸！

（5）氧化剂和有机过氧化物

氧化剂一般易燃易爆，极易分解，对热、震动或摩擦极为敏感。活泼金属过氧化物遇水或吸收空气中CO_2和水蒸气，能分解放出氧，导致可燃物燃烧、爆炸。有机过氧化物遇酸、碱、潮湿、高热、还原剂，与易燃物接触或摩擦、撞击，均能迅速分解并放出氧和大量热，引起燃烧或爆炸。

① 氧化剂：过氧化氢、碱金属或碱土金属的过氧化物，如过氧化钠；高氧化态物：如氯酸钾、高锰酸钾、硝酸、硫酸等；

② 有机过氧化物：如过氧化苯甲酰等。

（6）毒害品

当遇包装破损或泄漏、火灾爆炸、保管不善等情况，可能引发中毒。

① 无机毒物：如氰、砷化合物类（氰化钾、三氧化二砷等），铜、铅、汞的盐；

② 有机毒物：卤代烃及其衍生物类，有机磷、硫、砷、硅、腈、胺等化合物类，有机金属化合物，某些芳香烃、稠环及杂环化合物等。

（7）腐蚀品

能灼伤人体组织并对金属等物品造成损坏。当包装破损、设备泄漏、操作不慎等情况出现时，人体被接触，会造成化学灼伤。如氢氟酸、硝酸、硫酸、甲酸、氯乙酸、氢氧化钠、水合肼等。

段落话题

（1）危险化学品有8类，除第7类放射性物品外，每类中你能举例说出几种吗？

（2）储存金属钠存在风险吗？有什么风险？

4 危险化学品如何储存

4.1 了解危险品的危险特性

①《危险货物品名表》(GB 12268—90)、《危险化学品名录》、《剧毒化学品名录》，或通过互联网，如：http://www.chinasafety.gov.cn/whpcx.htm，可帮助确定某化学品是否属于危险化学品。

② 化学品安全标签：贴在包装上，可鉴别危险特性，并提供简洁的储存、运输及消防安全措施。

③ 化学品安全技术说明书（MSDS）为厂家随产品提供，有较详细的危险性及安全防范说明。

4.2 识别危险品的储存风险

先了解前提，再观察行为，然后识别风险结果，即采用A-B-C法。见表1-6。

表1-6　危险化学品储存中的风险识别

A（前提）	B（行为）	C（结果）
属于危险化学品吗？ 属于哪类危险化学品？ 易燃？易爆？ 有毒？有害？有腐蚀性？ 存在氧化性？ 属于自燃或遇水燃烧物质吗？ 存在反应活性？ 属于混合性危险物质？	会受到摩擦、撞击、震动吗？ 会积聚静电吗？（防火花） 会接触热源或火源吗？ 会受到日光暴晒吗？ 存在同禁忌物接触吗？ 存在包装破损、泄漏吗？ 会遇水受潮？ 储存量超限吗？	导致火灾和爆炸 导致中毒 毒性效应包括刺激、过敏、缺氧（窒息）、麻醉、全身中毒、致癌、对未出生胎儿的危害、对后代的遗传作用、尘肺等 导致灼伤 导致更大风险
识别（判断）结果：或导致火灾、或导致爆炸、或导致中毒、或导致灼伤		

注：反应活性物质，如炔类、叠氮类、重氮类、偶氮类、硝基类、环氧类、过氧类、氯酸盐类等。混合性危险物质，如黑火药。黑火药是由氧化剂（硝酸钾）和还原剂（炭和硫）混合而得。

4.3 选择危险品的储存方式

不同品种危险品之间的储存方式，除无限制的配存外，还有以下三种储存方式。

（1）隔离储存

分开一定距离，在非禁忌物之间设置通道；（属于有条件配存，靠通道隔开，不接触）

（2）隔开储存

用隔板或墙将其与禁忌物分离开；（属于不可配存，靠墙隔开，不共储存间）

（3）分离储存

将危险品在不同的建筑物内分离储存。（属于不可配存，不共用一栋建筑物）

4.4 遵循危险品的储存原则

① 储存在专门危险化学品仓库。爆炸物品、一级易燃物品、遇潮燃烧物品、剧毒物品不得露天堆放。

② 配备可靠的个人防护用品。

③ 分类储存和执行储存量限制。各类危险化学品不得与禁忌物料混合储存，应分区、分间、分库储存。危险化学品与禁忌物料的配存性能可参考附录一。危险化学品的储存量是有限制的！

4.5 做好危险品的储存安排

根据识别-行动法来做好危险化学品的储存安排。以浓硫酸储存为例进行说明，见表1-7。

表1-7 用识别-行动法阐述浓硫酸的储存安排

<table>
<tr><th colspan="3">浓硫酸的储存中风险识别</th><th>浓硫酸储存</th></tr>
<tr><td colspan="3">根据包装实物可知：槽罐或坛装。
根据其包装上的化学品安全标志可知，危险化学品编号为81007，属于第8类第1项危险化学品，即酸性腐蚀品。
包装标志：20号标志，即：
</td><td rowspan="6">储存于阴凉干燥、通风处；应与爆炸物、氧化物，如苯、稻草、油脂、木屑等易燃、可燃物、碱类、金属粉末等分开存放；不可混储混运；不可接近热源和火种；严防水湿，受潮；搬运时要轻装轻卸，防止包装及容器损坏；分装和搬运注意个人防护</td></tr>
<tr><td>A（前提）</td><td>B（行为）</td><td>C（结果）</td></tr>
<tr><td>具有危险特性：助燃性</td><td>接触易燃物（如苯）和有机物（如糖、纤维素等）</td><td>能发生剧烈反应，甚至引起燃烧</td></tr>
<tr><td>反应活性</td><td>接触活性金属粉末</td><td>能发生反应，放出氢气</td></tr>
<tr><td>特殊危险</td><td>遇水</td><td>放出大量热量，并发生爆沸飞溅</td></tr>
<tr><td>强腐蚀性</td><td>接触</td><td>能腐蚀绝大多数金属和塑料、橡胶等</td></tr>
</table>

4.6 做好危险品的储存护养

① 危险品入库时，应严格检验物品的质量、数量、包装情况和有无泄漏。危险品入库后，应采取适当的养护措施、在储存期内定期检查，发现其品质变化、包装破损、渗漏、稳定剂短缺等，应及时处理。

② 库房温度、湿度应严格控制、经常检查，发现变化及时调整。危险物品库房及存放场地都应设置温度计、湿度计，有专人负责记录，并采取相应措施，防止危险品质量下降而引起事故。

段落话题

氯气如何储存？

5 储存区域有何要求

5.1 认识不同类型的储存区域

（1）储存气体物料——气柜、气瓶

气柜、气瓶如图1-10所示。

图1-10 储存气体物料的气柜、气瓶

（2）储存液体物料——露天罐区

露天罐区如图1-11所示。

图1-11 露天罐区

（3）储存液体物料——库房里面

储存在库房里面的液体物料如图1-12所示。

图1-12 储存在库房里面的液体物料

（4）储存固体物料——库房里面

储存在库房里面的固体物料如图1-13所示。

图1-13　储存在库房里面的固体物料

5.2　不同储存区域总的储存要求

① 建筑物不得有地下室，其耐火等级、层数、占地面积、安全疏散和防火间距，应符合国家规定。

② 电气安装做到防火、防爆和防静电；储存易燃、易爆危险品的建筑，必须安装避雷设施。

③ 通风良好。热水采暖温度不应超过60℃。不得使用蒸汽采暖和机械采暖；通风、采暖管道和设备有导、除静电的接地装置，并且采用非燃烧材料。

④ 应配备消防和灭火设施以及通讯报警装置。

⑤ 应有明显的安全标志。严禁吸烟和使用明火！

课程总结

（1）危险化学品单位需要获得国家有关部门的行政许可，并对其从事的危险化学品在国家有关部门进行登记申报。危险化学品从业人员必须接受相关法律法规、安全知识和技能培训，考核合格后方能上岗。

（2）根据《危险化学品安全管理条例》，危险化学品分7类。不同类别的危险化学品，在储存中存在不同的风险。

（3）为了安全储存危险化学品，需要了解其危险特性，识别其储存风险；在选择合理储存方式、遵循储存原则下，做好储存安排和护养。

（4）储存区域有要求。需要特别关注是电气安装做到防火、防爆和防静电；储存易燃易爆危险品的建筑，必须安装避雷设施；储存场所应通风良好。配备消防和灭火设施、严禁吸烟和使用明火。

自我测试

（1）选择题

① 下列多组危险化学品中，应该采用隔离储存的是（　　）。

a. 乙醇和丙酮　　b. 液氨和硫黄

c. 钠与高锰酸钾　　d. 压缩空气与黄磷

② 下列多组危险化学品中，应该采用隔开储存的是（　　）。

a. 瓶装氧气和油脂

b. 瓶装氧气和乙醇

c. 铝粉和生石灰

d. 瓶装氮气和瓶装二氧化碳

③ 下列多组危险化学品中，必须采用分离储存的是（　　）。

a. 液氯和液氨　　b. 苯和甲苯

c. 甲酸和甲醇　　d. 双氧水与乙醚

（2）判断题

① 危险化学品的从业人员不需要接受危险化学品的安全知识和技能培训，也能被允许上岗。（　　）

② 浓硫酸尽管在危险化学品归类中划为腐蚀品，但性能上也属于氧化性危险品。（　　）

③ 压缩二氧化碳不属于危险化学品。（　　）

④ 在危险化学品储存场所，防止静电就是防止了一种火源，即静电火花。（　　）

（3）问答题

为什么要求危险化学品储存场所的采暖温度不超过60℃？

课程评估

【任务1】危险化学品储存仓库爆炸案例分析。

案例　某工厂仓库，存放了大量的甲醇、甲苯等物质。仓库管理员傍晚进入仓库找东西，因没有电，随手就将自己携带的打火机点着，结果引发爆炸惨案。

要求　小组讨论。对储存区域（仓库）识别风险，判断事故可能的各种原因。

评估　每组让一位学生回答。学生互评，教师总结性评论。

【任务2】通过互联网查询电石的安全储存。

要求　结合本模块知识和互联网资源，先进行风险识别，再给出储存措施（行动）。

评估　让部分学生回答、解释电石的安全储存。学生互评，教师总结性评论。

模块四
危险化学品的运输

本模块任务

① 了解危险化学品运输工具及人员要求；
② 学会危险化学品运输中风险识别；
③ 学会确定危险货物；
④ 了解危险化学品运输中的包装要求和安全措施。

1 为什么要运输危险化学品

1.1 为什么要运输危险化学品

危险化学品需要流通，需要从生产地转移到使用地。不管是作为原料输入、还是作为产品输出，危险品企业都需要运输危险化学品。由于危险化学品运输中往往受到气候、地势及环境等因素的影响较大，一旦防护不当，则容易发生事故，导致危险化学品泄漏等后果，对人员和环境造成危害。

1.2 危险品的运输采用什么工具?

危险化学品运输主要采用火车、轮船和汽车等工具。由于内河船运一般禁止剧毒化学品，因而剧毒化学品在国内运线上的运输主要靠公路和铁路。

大宗液体危险化学品一般采用槽车运输。如，运输大宗的液化丙烯、燃料油、浓硫酸、冰醋酸、甲醇、乙醇、液氨、液碱、双氧水等均可采用槽车；运输大宗的盐酸采用玻璃钢槽罐车。

1.3 危险品的运输对人员有什么要求?

运输危险化学品的驾驶员、船员、装卸人员和押运人员必须了解所运载的危险化学品的性质、危险特性、包装容器的使用特性和发生意外时的应急措施。运输危险化学品，必须配备必要的应急处理器材和防护用品。

段落话题

（1）氰化钠适合选用哪些运输方式?
（2）液化石油气在国内运输线上一般采用什么运输方式?

2 为什么危险化学品运输中存在风险

2.1 危险化学品运输中事故案例

案例1 2005年9月3日，在黑龙江省301国道上，一辆装载了39t危险品冰醋酸的运输车撞上一辆停在路边的卡车，造成4人死亡，1人受伤，车上的冰醋酸全部泄漏。事故发生后，罐车面目全非，见图1-14。

图1-14 冰醋酸的运输车（槽车）事故后现场图

案例2 2005年3月29日，江苏省淮安市境内，一辆装有液氯危险品的运输车，与一辆货车相撞，导致装有液氯危险品的运输车侧翻，液氯泄漏。此事故造成28人中毒死亡。

2.2 危险化学品运输中为什么存在风险

因为所运物品是危险化学品，具有易燃、易爆、有毒、有害、有腐蚀性、有反应活性等危险特性，而在危险化学品运输中可能会出现不确定因素，如交通事故、包装泄漏、货物混装、相互撞击、震动、升温、明火、火花、受潮、遇水等，所以危险化学品运输途中很容易造成火灾、爆炸、中毒或灼伤等危害，甚至造成环境灾害。

2.3 危险化学品运输中的风险如何识别?

识别危险化学品运输中的风险，可采用A-B-C法，见表1-8。

表1-8 危险化学品运输中的风险识别

<table>
<tr><th>A（前提）</th><th>B（行为）</th><th>C（结果）</th></tr>
<tr><td>交通工具等把关不严
运输人员违规操作
没放置危险品运输车的警示标志</td><td>不属于专用危险品的运输工具
司机对车况、船况不清楚、运输工具没检验
超载、超车、超速、强行会车、他人在会车时没有避让</td><td>导致交通事故</td></tr>
<tr><td>包装或放置不合规范</td><td>包装不合要求或已经破损
未按包装上提示方向放置包装物</td><td>包装泄漏，引发爆炸、中毒事故</td></tr>
<tr><td>不了解危险品的储运原则</td><td>危险化学品与禁忌物料混装
有条件配装的危险品间没有采用隔离措施
气瓶没有戴好瓶帽
对包装易晃动的物品没有采取固定措施</td><td>导致混装、相互撞击、震动、瓶阀断裂，引发爆炸、中毒事故</td></tr>
<tr><td>不了解或忽视危险品的易燃、易爆性</td><td>没有采取防热源、防火源、防静电、防尘、防水、遮阳等措施
没有配备消防设备（视具体危险品）</td><td rowspan="2">导致升温、明火、火花、受潮，引发爆炸、中毒事故</td></tr>
<tr><td>不了解或忽视危险品的反应特性</td><td>没有在运输途中检查稳定剂的损失</td></tr>
</table>

续表

A（前提）	B（行为）	C（结果）
不了解或忽视危险品的腐蚀性	没有配备应急使用的防护用品（防护手套、防毒面具等）	导致中毒或灼伤等
不了解或忽视运输安全事故对环境、居民的影响	在城区附近，未按危险品运输专用道行驶	导致环境灾害
危险化学品运输中的风险：交通事故造成人员伤亡，也造成包装泄漏。而包装泄漏、混装、相互撞击、震动、升温、明火、火花、受潮、遇水等都可能造成火灾、爆炸、中毒或灼伤，甚至造成环境灾害		

段落话题

运输液氨存在风险吗？有什么风险？

3 运输过程中如何确定危险货物

（1）托运单

托运物品必须与托运单上所列的品名相符。按列出的品名，可以初步确定是不是危险货物。

（2）化学品安全标签

化学品安全标签粘贴在其包装上。安全标签的内容包括名称、分子式、化学成分及组成、联合国危险货物编号（UN编号）和中国危险货物编号、危险货物的分类标志（图）、警示词、危险性概述、安全措施、灭火方法等。

（3）化学品安全技术说明书

由生产厂家随货提供的化学品安全技术说明书（MSDS），也能帮助确定危险货物，并说明正确运输和防护方法。

4 危险化学品的运输对包装有何要求

4.1 认识包装形式

危险化学品运输包装形式见图1-15。

4.2 了解包装要求

泄漏是危险化学品在运输过程中发生火灾爆炸事故的重要原因，尤其外包装的封口处是可能发生泄漏的主要部位。因此，为适应危险化学品的运输，包装必须坚固、完整、严密不漏、外表面清洁，不黏附有害的危险物质，并应符合如下要求：

① 包装的材质、规格等与所装危险货物的性质相适应；

② 包装应具有足够的强度；

③ 包装的封口和衬垫材料好；

复合袋(丙烯酰胺)　编织袋(片状碱)　纸箱(铝银粉)　纤维桶(二氧化锡)

铁桶装(铝镁合金粉)　铁桶装(铬酸)　铁桶装(黄磷)　铁桶装(氰化钠)

铁桶装(固碱)　铁桶装(苯酚)　铁桶装(乙酸乙酯)　钢瓶(高纯氯)

钢瓶(液氯)　铝桶(电子级丙酮)　铝桶(硝酸)　铁桶(环氧树脂)

塑料瓶装(532混酸)　塑料桶(氟酸)　塑料桶(三氯化铁)　塑料桶(双氧水)

塑料桶(油酸)　塑料桶(甜菜碱)　塑料桶(AEO)　塑料桶(水溶性涂料)

图1-15　危险化学品运输包装形式

④ 容器灌装液体时，一般应留有足够的其膨胀余量（预留容积应不少于总容积的5%）；

⑤ 切记气瓶在运输中应戴防护装置（瓶帽）！

⑥ 外包装上应粘贴化学品安全标签和必要的包装储运图示标志。

段落话题

氯气、盐酸、浓硫酸、乙醇、片碱（氢氧化钠）、金属钠、白磷、电石，分别采用什么包装?

5 运输过程中如何采取安全措施

为了确保危险化学品的运输安全，运输采取如下措施。

5.1 运输前预防性安全措施

（1）核实“三证”

企业危险化学品运输许可证，危险化学品装卸、运输人员的上岗证，装卸机械、汽车等运输工具的审验合格证。

（2）按规范装卸

装卸作业有装卸管理人员的现场指挥，佩戴相应的防护用品；轻装、轻卸，防止撞击、滚动、重压、倾倒和摩擦，不得损坏外包装，并注意包装储运图示标志，堆放稳妥。

（3）按原则配货

危险性质或消防方法相抵触的货物，不得混装在同一包装内，性质相抵触的物品禁止混装，参考本书附录一。

（4）运输标志、设施和限量

汽车应悬挂运送危险货物的标志；装阻火器，配防火、防爆、防毒、防水防潮、防日晒等设施，配备相应的消防器材和防毒用具；装运粉末状危险品的，应有防止粉尘飞扬的措施；不得超装、超载。

（5）运输防护措施

对易燃、可燃液体采用槽车运输；槽车不应有漏；易燃液体装车用的管道上应装设紧急切断阀，且接地良好以防止静电火花；雷雨时应停止装卸作业，夜间检查不应使用明火或普通手电筒照明。

5.2 运输中例行性安全措施

（1）选妥行车路线、时间

运输危险品要选择道路平整的国道主干线；不能在城市街道、人口密集区停车休息、吃饭。提倡白天休息，夜间行车，以避开车辆、人员高峰期。万一发生泄漏，个人力量无法挽回时，要迅速开往空旷地带，远离人群、水源。一旦发生交通事故，并立即向有关部门报告。

（2）注意交通安全

必须严格遵守交通、消防、治安等法规，应控制车速，保持与前车的距离，遇有情况提前减速，避免紧急刹车，严禁违章超车，确保行车安全。运输任何化工产品都要加盖雨布，以防行车交会时外来烟头落入。

（3）途中检查要勤

危险品运输的事故隐患往往从泄漏开始。行车途中车辆颠簸震动，容易造成包装破损。每行驶2小时检查一次。

5.3 出现泄漏采取的处理措施

（1）爆炸品

迅速转移至安全场所修理或更换包装，对漏洒的物品及时用水湿润，洒些锯屑或棉絮等松软物，轻轻收集。

（2）压缩气体或易挥发液体

打开车门并移到通风场所。液氨漏气可浸入水中，其他剧毒气体应浸入石灰水中。

（3）自燃品或遇水燃烧品

黄磷洒落后要迅速浸入水中，金属钠、钾等必须浸入盛有煤油或无水液体石蜡的铁桶中。

（4）易燃品

将渗漏部位朝上。对漏洒物用干燥的黄沙、干土覆盖后清理。

（5）毒害品

迅速用沙土掩盖，少量的汞洒落用硫黄掩盖，疏散人员，请卫生防疫部门协助处理。

（6）腐蚀品

用沙土覆盖，清扫后用清水冲洗干净。

（7）放射品

迅速远离放射源，保护好现场，请卫生防疫部门指导处理。

段落话题

电石对包装和装量有什么要求？运输前应采取什么预防性安全措施？

课程总结

（1）危险化学品运输主要采用火车、轮船和汽车等工具。大宗液体危险化学品一般采用槽车运输。

（2）运输危险化学品的人员必须了解所运载的危险化学品的危险特性、包装容器的使用特性和发生意外时的应急措施。

（3）危险化学品运输途中，因不确定因素，很容易造成火灾、爆炸、中毒或灼伤等危害，甚至造成环境灾害。运输人员应从工具、人员、包装、所运危险品的危险特性等方面，识别危险化学品运输中的风险。

（4）运输过程中，可通过托运单、化学品安全标签或化学品安全技术说明书来确定危险货物。

（5）危险化学品运输，要求包装必须坚固、完整、严密不漏、外表面清洁，不黏附有害的危险物质。

（6）运输中安全措施包括运输前预防性措施、运输中例行性措施和出现泄漏时采取的处理措施。

自我测试

（1）选择题

① 不属于危险化学品运输风险防范做法的是（　　）。

a. 使用专用危险品运输车，并且车况好

b. 金属钠与高锰酸钾混装于一个车内

c. 不超载、超车、超速

d. 配备消防设备和应急使用的防护用品

② 在运输途中，（　　）洒落后不能扫，应迅速将其投入水中浸没。

a. 黄磷　　　　b. 钠粒

c. 铝粉　　　　d. 硫黄粉

③ 在运输途中，（　　）钢瓶出现泄漏，应尽快将其进入石灰水中。

a. 液化石油气　　　　b. 液氯

c. 液氨　　　　d. 氢气

（2）判断题

① 持货车驾驶执照的任何人都可以驾驶危险化学品运输车。（　　）

② 用槽车运输液体危险化学品不会泄漏。（　　）

③ 气体钢瓶不太适合长距离运输，石油液化气钢瓶禁止长途运输。（　　）

④ 液氨运输中发生泄漏，个人力量无法挽回或个人力量无法堵住时，应将运输车尽快开往空旷地带。（　　）

课程评估

【任务1】危险化学品运输途中事故案例分析。

案例　一位司机驾车行驶在黑夜，途中发现汽油供应不上，油量表也不指示油量。于是下车检查油箱中油量。下车时没有带手电筒，由于图省事结果用打火机点火照明油箱内部。很快不幸事情发生，油箱中汽油着火爆炸。司机被溅出的汽油烧死。

要求　小组讨论。分析事故的性质和原因。

评估　每组让一位学生回答。学生互评，教师总结性评论。

【任务2】分组讨论瓶装液化石油气应该如何运输？

要求　在了解液化石油气的理化性能、危险特性的基础上，结合本模块知识先进行风险识别，再给出运输的措施（行动）。

评估　让部分学生回答、解释瓶装液化石油气的安全运输。学生互评，教师总结性评论。

模块五
高处作业

本模块任务

① 描述高处作业潜在的风险；
② 根据高处作业风险因素，正确选择个人防护装备；
③ 根据不同的高处作业类型，描述相应的安全防护。

1 为什么要学习高空作业

在化工生产中，生产装置都需要定期检修或者进行日常的维护保养。而有些维修作业经常会使用各种设备在一定的高度下进行操作，这样的作业情形就伴随着一定的风险。因此，我们需要识别这些风险，在任何有坠落风险的地方都必须提供适当的有效保护措施应对风险的发生。凡在坠落高度基准面2m以上（含2m）的可能坠落的高处所进行的作业，都称为高处作业。

段落话题

你能举出几个高处作业的例子吗？
如图1-16所示为工作高处作业图。

图1-16 高处作业

2 高处作业时有哪些潜在的风险

化工企业高处坠落事故造成的伤亡人数仅次于火灾爆炸和中毒事故。高处作业的潜在风险涉及：平台、扶梯的栏杆不符合安全要求，检修中洞、坑被移去盖板，临时拆除栏杆后不设警告标志，没有防护措施；高处作业不挂安全网，不戴安全帽、不系安全带；梯子使用不当，或梯子不符合安全要求；不采取任何安全措施在石棉瓦之类不坚固的结构上作业；脚手架有缺陷；高处作业用力不当，重心失稳等。因此，做好防护高处坠落事故和起重伤害对大幅度减少化工重大伤亡事故有着极其重要的作用。

2.1 确保高空作业的安全

当准备高处作业时：要对可能影响工作中人员安全的因素进行评价；要决定谁可以进入工作区域以及进入是否适当；要考虑可能被高处作业影响的其他人员的安全；在任何高空作业之前保证所有使用的设备必须由高质量的材料制成；所有装备必须加以保护，使其不能移动；必须提供的坠落保护（加边界、划范围或加防护网）要与进行的工作高度相对应。

2.2 高空作业的个人防护设备

高空作业的个人防护设备应适合所进行的工作；对手、眼睛、脚和头部有足够的保护；保护员工不受阳光影响。

当确定风险控制措施时，个人防护设备，包括坠落制动设备必须作为最后的保险，而其他的措施应最先考虑。

3 高处作业有哪些常见的基本类型

高处作业主要包括临边、洞口、攀登、悬空、交叉等五种基本类型，这些类型的高处作业是高处作业伤亡事故可能发生的主要场所。

3.1 临边作业

临边作业是指施工现场中，工作面边沿无围护设施或围护设施高度低于80cm时的高处作业。例如：基坑周边，无防护的阳台、料台与挑平台等；无防护楼层、楼面周边；无防护的楼梯口和梯段口；井架、施工电梯和脚手架等的通道两侧面；各种垂直运输卸料平台的周边。

3.2 洞口作业

洞口作业是指孔、洞口旁边的高处作业，包括施工现场及通道旁深度在2m及2m以上的桩孔、沟槽与管道孔洞等边沿作业。

建筑物的楼梯口、电梯口及设备安装预留洞口等（在未安装正式栏杆，门窗等围护结构时），还有一些施工需要预留的上料口、通道口、施工口等。凡是在2.5cm以上，洞口若没有防护时，就有造成作业人员高处坠落的危险；或者若不慎将物体从这些洞口坠落时，还可能造成下面的人员发生物体打击事故。

3.3 攀登作业

攀登作业是指借助建筑结构或脚手架上的登高设施或采用梯子或其他登高设施在攀登条件下进行的高处作业。

在建筑物周围搭拆脚手架、张挂安全网，装拆塔机、龙门架、井字架、施工电梯、桩架，登高安装钢结构构件等作业都属于这种作业。

进行攀登作业时，作业人员由于没有作业平台，只能攀登在可借助物的架子上作业，要借助一手攀，一只脚勾或用腰绳来保持平衡，身体重心垂线不通过脚下，作业难度大，危险性大，若有不慎就可能坠落。

3.4 悬空作业

悬空作业是指在周边临空状态下进行高处作业。其特点是在操作者无立足点或无牢靠立足点条件下进行高处作业。

建筑施工中的构件吊装，利用吊篮进行外装修，悬挑或悬空梁板、雨棚等特殊部位支拆模板、扎筋、浇混凝土等项作业都属于悬空作业，由于是在不稳定的条件下施工作业，危险性很大。

3.5 交叉作业

交叉作业是指在施工现场的上下不同层次，于空间贯通状态下同时进行的高处作业。

现场施工上部搭设脚手架、吊运物料、地面上的人员搬运材料、制作钢筋，或外墙装修下面打底抹灰、上面进行面层装饰等，都是施工现场的交叉作业。交叉作业中，若高处作业不慎碰掉物料，失手掉下工具或吊运物体散落，都可能砸到下面的作业人员，发生物体打击伤亡事故。

4 高处作业时如何选择安全防护

高处作业时的安全措施有设置防护栏杆，孔洞加盖，安装安全防护门，满挂安全平立网，必要时设置安全防护棚等。高处作业一般施工安全规定和技术措施如下。

① 施工前，应逐级进行安全技术教育，落实所有安全技术措施和个人防护用品，未经落实时不得进行施工。

② 高处作业中的安全标志、工具、仪表、电气设施和各种设备，必须在施工前加以检查，确认其完好，方能投入使用。

③ 悬空、攀登高处作业以及搭设高处安全设施的人员必须按照国家有关规定经过专门的安全作业培训，并取得特种作业操作资格证书后，方可上岗作业。

④ 从事高处作业的人员必须定期进行身体检查，诊断患有心脏病、贫血、高血压、癫痫病、恐高症及其他不适宜高处作业的疾病时，不得从事高处作业。

⑤ 高处作业人员应头戴安全帽，身穿紧口工作服，脚穿防滑鞋，腰系安全带。

⑥ 高处作业场所有坠落可能的物体，应一律先行撤除或予以固定。所用物件均应堆放平稳，不妨碍通行和装卸。工具应随手放入工具袋，拆卸下的物件及余料和废料均应及时清理运走，清理时应采用传递或系绳提溜方式，禁止抛掷。

⑦ 遇有六级以上强风、浓雾和大雨等恶劣天气，不得进行露天悬空与攀登高处作业。台风暴雨后，应对高处作业安全设施逐一检查，发现有松动、变形、损坏或脱落、漏雨、漏电等现象，应立即修理完善或重新设置。

⑧ 所有安全防护设施和安全标志等，任何人都不得损坏或擅自移动和拆除。因作业必须临时拆除或变动安全防护设施、安全标志时，必须经有关施工负责人同意，并采取相应的可靠措施，作业完毕后立即恢复。

⑨ 施工中对高处作业的安全技术设施发现有缺陷和隐患时，必须立即报告，及时解决。危及人身安全时，必须立即停止作业。

5 常见高处作业类型的安全技术措施是什么

① 凡是临边作业，都要在临边处设置防护栏杆，上杆离地面高度一般为1.0 ～ 1.2m，下杆离地面高度为0.5 ～ 0.6m；防护栏杆必须自而下用安全网封闭，或在栏杆下边设置严密固定的高度不低于18cm的挡脚板或40cm的挡脚笆。

② 对于洞口作业，可根据具体情况采取设防护栏杆、加盖板、张挂安全网与装栅门等措施。

③ 进行攀登作业时，作业人员要从规定的通道上下，不能在阳台之间等非规定通道进行攀登，也不得任意利用吊车车臂架等施工设备进行攀登。

④ 进行悬空作业时，要设有牢靠的作业立足处，并视具体情况设防护栏杆，搭设架手架、操作平台，使用马凳，张挂安全网或其他安全措施；作业所用索具、脚手板、吊篮、吊笼、平台等设备，均需经技术鉴定方能使用。

图1-17 高处作业安全防护

⑤ 进行交叉作业时，注意不得在上下同一垂直方向上操作，下层作业的位置必须处于依上层高度确定的可能坠落范围之外。不符合以上条件时，必须设置安全防护层。

⑥ 建筑施工进行高处作业之前，应进行安全防护设施的检查和验收。验收合格后，方可进行高处作业。

高处作业安全防护见图1-17。

6 高处作业必备的防护装备是什么

高处作业中发生的高处坠落、物体打击事故的比例较大，许多事故案例都说明，由于正确佩戴了安全帽、安全带或按规定架设了安全网，从而避免了伤亡事故。事实证明，安全帽、安全带、安全网是减少和防止高处坠落和物体打击这类事故发生的重要措施，常称为“三宝”。

作业人员必须正确使用安全帽，调好帽箍，系好帽带；正确使用安全带，高挂低用。

6.1 安全帽

对人体头部受外力伤害（如物体打击）起防护作用的帽子。使用时要注意：选用经有关部门检验合格，其上有“安鉴”标志的安全帽；使用戴帽前先检查外壳是否破损，有无合格帽衬，帽带是否齐全，如果不符合要求应立即更换；调整好帽箍、帽衬（4～5cm），系好帽带。

6.2 安全带

高处作业人员预防坠落伤亡的防护用品。使用时要注意：选用经有关部门检验合格的安全带，并保证在使用有效期内；安全带严禁打结、续接；使用中，要可靠地挂在牢固的地方，高挂低用，且要防止摆动，避免明火和刺割；2m以上的悬空作业，必须使用安全带；在无法直接挂设安全带的地方，应设置挂安全带的安全拉绳、安全栏杆等（见图1-18）。

图1-18 悬空作用使用安全带

6.3 安全网

用来防止人、物坠落或用来避免、减轻坠落及物体打击伤害的网具。使用时要注意：要选用有合格证的安全网；安全网若有破损、老化应及时更换；安全网与架体连接不宜绷得太紧，系结点要沿边分布均匀、绑牢；立网不得作为平网使用。

高处作业防护措施见图1-19。

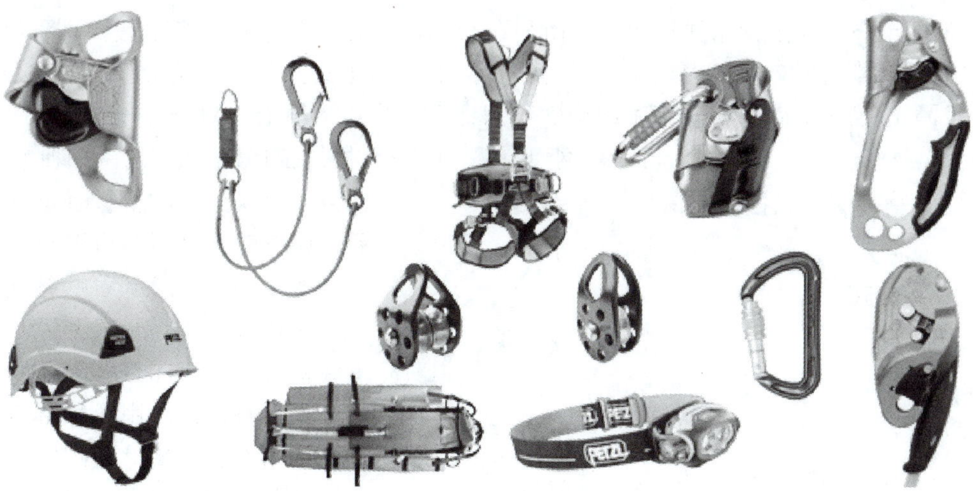

图1-19 高处作业防护措施

段落话题

何为施工现场作业“三宝”？谈谈它们的防护作用。

课程总结

（1）高处作业必备的防护装备：安全带、安全帽及安全网。

（2）常见高处作业类型：临边作业、洞口作业、攀登作业、悬空作业、交叉作业。

（3）高处作业潜在诸多风险，当确定风险控制措施时，个人防护设备，包括坠落制动设备必须作为最后的保险，而其他的措施应最先考虑。

自我测试

（1）选择题

① 安全带适用于以下哪种作业？（　　）

a.高处作业　　b.悬挂　　c.吊物

② 在高空作业时，工具必须放在哪里？（　　）

a.工作服口袋里

b.手提工具箱或工具袋里

c.握住所有工具

③ 遇到什么天气不能从事高处作业？（　　）

a.六级以上的风天和雷暴雨天

b.冬天

c.35度以上的热天

④ 高空作业的下列几项安全措施中，哪一项是首先需要的？（　　）

a.安全带　　b.安全网　　c.合格的工作台

⑤ 安全带的正确挂扣应该是（　　）。

a.同一水平　　b.低挂高用　　c.高挂低用

（2）判断题

① 施工现场“三宝”是安全帽、安全带、脚手架。（　　）

② 安全帽是用来遮挡阳光和雨水的。（　　）

③ 安全纪律警示牌应该挂在领导办公室内。（　　）

课程评估

【任务】

对图1-20～图1-24的工作情境进行分析。

图1-20

图1-21

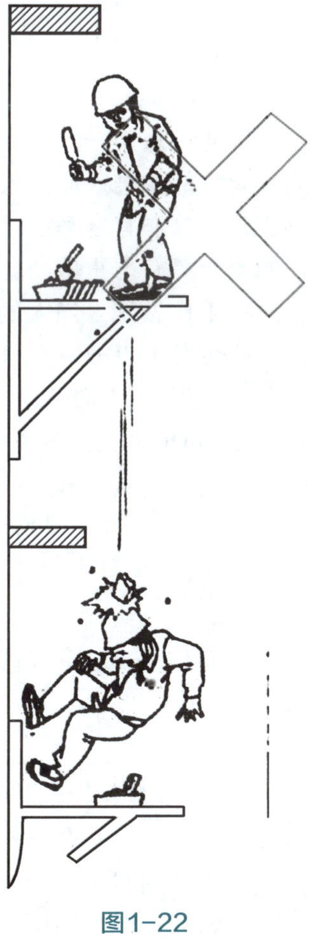

图1-22

图1-23

图1-24

要求学生分成小组讨论，教师总结。

模块六
受限空间作业

本模块任务

① 认识什么是受限空间；
② 如何避免进入受限空间作业；
③ 认识进入受限空间作业的风险；
④ 阐述进入受限空间工作的安全程序。

1 为什么要学习受限空间作业

我们在工作中，有些作业是属于超出常规的工作。例如进入某一特定空间作业，但这个空间并不是你经常工作的场所，可能潜在特殊的风险。例如进入储罐或塔设备进行检修，这些工作环境被称为受限空间。在受限空间里工作，除非有合理的计划和正确的管理，否则，进入受限空间会对人员的健康以及工作的安全等有严重威胁。能否正确认识受限空间，以及能否合理地计划，意味着我们是否能把工作做好。当人们在没有接受良好的培训或者对进入受限空间的危险认识不足时，往往会发生事故。有60%的受限空间死亡事故是由于缺氧，或者没有进行气体检测而造成的。超过一半的人死于受限空间，是由于他们试图抢救他们的同伴而造成。在你的工作中也有可能遇到进入受限空间作业，因此认识相关的风险有着非常重要的意义。

段落话题

学习受限空间作业有何重要性?

2 什么是受限空间作业

受限空间是指那些被围起来，人员进出时有一定的困难或受到限制的空间，不能用于人员长时间停留，有可能会产生有害物质或危险条件（如：缺氧）而致死或严重伤害的危险场所。有些受限空间很容易分辨，如：密闭的、出口有限的地方：储罐、地窖、反应釜、封闭的排水沟，下水道等。而有些场所则不是很明显，但也同样危险。如：上面开口的舱室、炉子的燃烧室、管道系统、没有通风或通风不良的房间。

不可能把受限空间都完全列出来。有些场所可能是在正好作业、建设、制造或改造的时候才变为受限空间。

3 受限空间有哪些危险

3.1 缺氧

缺氧可能产生的原因如下：该场所土壤中有某些物质与大气中的氧气产生反应；石灰石上的地下水，产生二氧化碳，取代了空气；船舱、集装箱、铁路货车等，其中会有些物质与氧气产生反应；钢铁的容器中生锈的时候。

3.2 有毒气体、烟雾或蒸汽

可能产生的原因如下：槽、罐中残留物质或内表面上残留物，可能会释放出气体、烟或蒸汽；积聚在下水道、检修孔、深坑以及与其相连的系统；从相连的管道中进入槽、罐；在被污染的土地上渗透到沟渠或深坑中，如旧的垃圾场和旧煤气厂。

3.3 起火或爆炸

存在可燃蒸气，含氧量过高等都有可能引起起火或爆炸。

3.4 高浓度尘埃

例如：在面粉仓中就存在高浓度的尘埃。

以上的一些条件可能已经存在于受限空间中。但是，有些情况是由于在其中的作业而引起的，或是与附近装置隔离不够，例如，与受限空间相连的管道中泄漏。受限的工作空间可能会增加一些其他的由于在其中进行的操作引起的危险，如：所使用的工具可能会需要特殊的预防措施，比如便携式磨具需要抽吸灰尘，或特别防止触电；焊接或使用挥发性和易燃的溶剂、胶黏剂等会产生气体、烟气或蒸气；如果空间的入口受限，如人孔，紧急状态下逃生或救援就会更困难。

段落话题

说说受限空间可能存在哪些风险？

4 如何避免进入受限空间

应该核查一下，看工作是否可以用其他的方式来进行，以避免进入受限空间工作。好的工作计划或不同的方法可以减少进入受限空间中工作的需求。

自问一下，这个工作是不是必需的，或者可以：改动受限空间，以使工作可以不必进入受限空间；在外面进行工作；筒仓中的阻塞可以通过远处操作的旋转设备、震动器或气体吹扫来清除。

检查、取样和清理工作通常都可以在外部采用适当的设备和工具来进行。遥控的摄像机可以用来检查容器的内部。

5 什么是工作的安全系统

如果不可避免要求进入受限空间，那就需要在受限空间中工作的安全系统。采用风险评估结果来帮助你识别必要的预防措施以减少伤害风险。这取决于受限空间的情况、相关的风险和相关的工作。

确保包括识别出来的预防措施在内的安全系统得到落实。涉及的每个人都要接受相应的培训，确保他们知道在做什么和如何安全地操作。见图1-25。

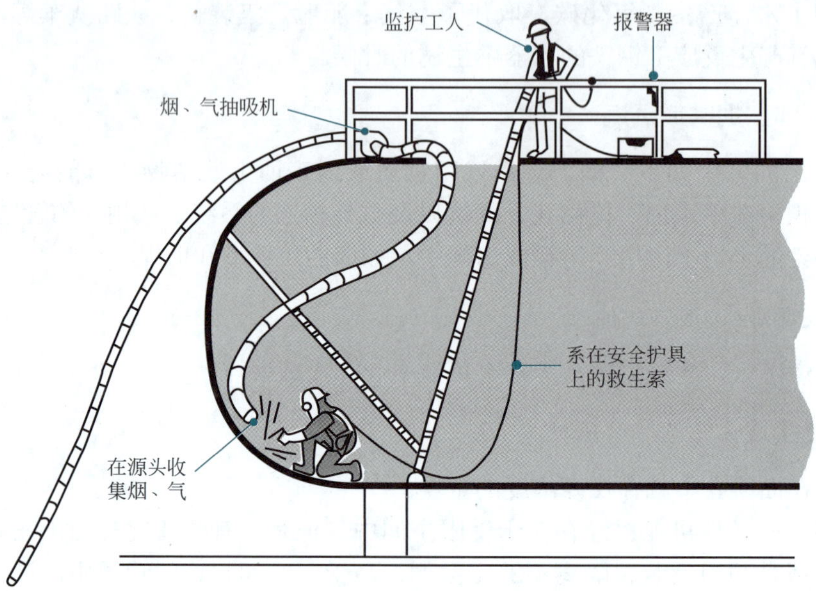

图1-25 受限空间工作的安全系统

5.1 任命一个主管

主管应负责确保采取必要的预防措施，检查每一步的安全情况，并且在工作进行过程中可能需要在现场管理。

5.2 操作人员是否适合工作

操作人员是否有足够的该类型工作的经验？他们接受过哪些培训？有能力的人员可能还需要考虑其他因素，如：是否有幽闭恐惧症或是否适合佩戴呼吸设备，可能还需要适合个人的医学建议。

5.3 隔离

如果设备可能通过其他方法不引人注意地转动或运行，机械隔离和电气隔离是必需的。如果气体、烟雾或蒸汽会进入受限空间，就需要进行对管道系统等的物理隔离。与作业无关的人员必须远离工作区域，要出示醒目的安全警示标志，将操作空间与周围物体隔开。对于所有情况都要进行安全检查以确保有效的隔离。

图1-26～图1-29为受限空间和密闭空间作业安全情况。

5.4 进入受限空间之前的清理

这可以确保在工作进行过程中不会由于残留物产生烟雾。

关闭阀门不能代替加装盲板!

图1-26 进入受限空间作业安全

图1-27 密闭空间安全（1）

图1-28 密闭空间安全（2）

图1-29 密闭空间安全（3）

5.5 检查入口尺寸

受限空间入口尺寸是否足够大，允许工人佩戴全部必要的设备容易地爬进和爬出，是否有紧急情况下可以进出的准备？例如，开口的尺寸可能意味着需要选择空气管线呼吸设备，而不是体积较大的独立的呼吸设备，那样会限制进出。

5.6 保持通风

可以通过增加开口数量来改善通风。可能需要强制通风来供应足够的新鲜空气，严禁向受限空间充氧气（见图1-30）。在受限空间内使用便携气瓶和柴油驱动设备的时

严禁向受限空间内充氧气!

图1-30 受限空间严禁充氧气

候，这是必需的，因为发动机会不断地排气。警告：汽（柴）油发动机排出的废气中的一氧化碳非常危险，要禁止在受限空间中使用该类设备。

5.7 空气检测

这可以确认空气中是否有有毒和爆炸性蒸气以及是否适合呼吸。应该由有能力的人员使用适当的气体检测器来进行检测，该检测器需经过正确校准。经风险评估，如果环境条件可能发生变化或作为进一步的预防措施，可能需要对空气进行连续监测。

5.8 提供特殊工具和照明

在易燃或潜在的爆炸环境中，必须使用无火花工具和特别保护的照明设备。在某些受限空间中（如金属罐内）应有适当的预防措施来防止电击，包括采用低压设备（通常低于25V）。

5.9 提供呼吸设备

如果由于气体、烟雾或蒸汽的存在，或因为缺氧，使受限空间中的空气不适合呼吸，有必要提供呼吸设备。绝不要通过向受限空间加氧来改善空气质量，因为这会增加着火或爆炸的风险。

5.10 准备紧急措施

包括必要的设备、培训和实训。

5.11 准备救援用具

救援用具上的救生索可以使人员快速地返回受限空间的外部。

5.12 通讯联络

受限空间内部和外部的联络需要良好的通讯系统，用于紧急情况下求救。

5.13 检查如何发出警报

是否需要在外面安排人员看护并与受限空间内部的人保持联络，在紧急情况下发出警报并负责救援程序？

在受限空间内部工作的人员，必须随时警惕里面环境状况的任何改变。一旦监控设备发出报警或出现任何其他的危险迹象，操作人员应该立刻离开受限空间。

另一位站在受限空间外部的安全监护人员要与受限空间里面的操作人员一直保持通讯联络。如果发现有检测到但还没有完全控制的潜在危险，立即通知操作人员迅速撤离受限空间。

5.14 是否需要“工作许可”

工作许可程序可以确保进行了正式的检查，以保证在批准人员进入或在受限空间中开展工作之前，所有的安全系统因素都已就位。这也是用于现场管理人员、监督人员和实际操作人员之间沟通的一个手段。工作许可的基本要素如下：清晰地确定谁可以对特定的工作进行授权（以及权限），谁负责指定必需的预防措施（如隔离、气体检测、紧急状况安排等）；确保包括开展工作的承包人；工作许可中还包括培训和指导的相关内容；监督和审核，保证系统工作达到目标。表1-9为进入受限空间作业许可证（样例）。

表1-9　进入受限空间作业许可证（样例）

<table>
<tr><td>编号</td><td colspan="3"></td><td colspan="2">施工单位</td><td colspan="2"></td></tr>
<tr><td>所属单位</td><td colspan="3"></td><td colspan="2">设施名称</td><td colspan="2"></td></tr>
<tr><td>原有介质</td><td colspan="3"></td><td colspan="2">主要危险因素</td><td colspan="2"></td></tr>
<tr><td>作业内容</td><td colspan="3"></td><td colspan="2">填写人</td><td colspan="2"></td></tr>
<tr><td>作业人</td><td colspan="7"></td></tr>
<tr><td>监护人</td><td colspan="7"></td></tr>
<tr><td rowspan="2">采样分析数据</td><td>分析项目</td><td>氧含量</td><td>可燃气体</td><td></td><td></td><td>分析人</td><td></td></tr>
<tr><td>分析结果</td><td></td><td></td><td></td><td></td><td>采样时间</td><td></td></tr>
<tr><td>开工时间</td><td colspan="7">年 月 日 时 分</td></tr>
<tr><td>序号</td><td colspan="6">主要安全措施</td><td>确认人签名</td></tr>
<tr><td>1</td><td colspan="6">作业前对进入受限空间危险性进行分析</td><td></td></tr>
<tr><td>2</td><td colspan="6">所有与受限空间有联系的阀门、管线加盲板隔离，列出盲板清单，落实拆装盲板责任人</td><td></td></tr>
<tr><td>3</td><td colspan="6">设备经过置换、吹扫、蒸煮</td><td></td></tr>
<tr><td>4</td><td colspan="6">设备打开通风孔进行自然通风，温度适宜人员作业；必要时采用强制通风或佩戴空气呼吸器，但设备内缺氧时，严禁用通氧气的方法 补充氧</td><td></td></tr>
<tr><td>5</td><td colspan="6">相关设备进行处理，带搅拌机的设备应切断电源，挂禁止合闸标志，设专人监护</td><td></td></tr>
<tr><td>6</td><td colspan="6">检查受限空间内部，具备作业条件，清罐时应用防爆工具</td><td></td></tr>
<tr><td>7</td><td colspan="6">检查受限空间进出口通道，不得有阻碍人员进出的障碍物</td><td></td></tr>
<tr><td>8</td><td colspan="6">盛装过可燃有毒气体、液体的受限空间，应分析可燃、有毒有害气体含量</td><td></td></tr>
<tr><td>9</td><td colspan="6">作业人员清楚受限空间内存在的其他危险因素，如内部附件、集渣坑等</td><td></td></tr>
<tr><td>10</td><td colspan="6">作业监护措施：消防器材（）救生绳（）气防设备（）</td><td></td></tr>
<tr><td>11</td><td colspan="6">30m以上进行高处作业配备通信、联络工具</td><td></td></tr>
<tr><td colspan="7">补充措施：</td><td></td></tr>
<tr><td colspan="7">危害识别：</td><td></td></tr>
<tr><td colspan="3">施工作业负责人意见</td><td colspan="3">基层单位现场负责人意见</td><td colspan="2">基层单位领导审批意见</td></tr>
<tr><td colspan="3">年 月 日</td><td colspan="3">年 月 日</td><td colspan="2">年 月 日</td></tr>
<tr><td colspan="8">完工验收：　年 月 日 时 分　签名：</td></tr>
</table>

注：作业许可证有效期为作业项目一个周期。当作业中断4h以上时，再次作业前，应重新对环境条件和安全措施予以确认；条件变更时，需要重新变更许可证。

5.15 紧急状态程序

当发生问题时，人们处于严重和直接的危险之中。在此情况下关于报警和开展救援的有效安排是必要的。意外情况下的计划取决于受限空间的情况、识别的风险和相应的紧急救援的特点。紧急情况下的安排取决于风险，应考虑以下因素。

（1）通信

紧急情况如何从受限空间内传达给外部人员以开展救援程序？不要忘记晚上、倒班、周末和其他时间（如假期），有些房屋会关闭。也要考虑到会发生什么情况，如何报警。

（2）救援和急救设备

根据可能出现的紧急情况来设置适当的救援和急救设备。在救援人员需要使用这些设备的地方，应进行正确操作的培训。

（3）救援者的能力

救援者需要适当的培训，十分适合执行救援任务，时刻准备着，能够使用用于救援的任何设备。如：呼吸设备、救生索和灭火设备。救援者也需要受到针对紧急情况的保护。

（4）关闭装置

在开展紧急救援前可能需要关闭相连的装置。

（5）急救程序

应该有受过培训的急救员能够必需的急救设备。

（6）当地的紧急情况服务

事故情况下，如何通知当地的紧急情况服务部门（如消防队）？当其到达现场时，如何介绍受限空间发生的特定的危险？

当遇到紧急状态时，应制订应急预案，配备救生设备和来火器，保持通信畅通，消除进出口障碍物，具体如图1-31所示。

图1-31 紧急状态程序

段落话题

（1）进入受限空间工作是否需要“工作许可”？为什么？

（2）为什么进入受限空间工作时，在入口处需要有人监护？

（3）进入受限空间工作应穿戴何种个人防护装备？

课程总结

（1）何谓受限空间？例如储罐、地窖、反应釜、封闭的排水沟等。

（2）受限空间特点：移动空间受限、通风较差、照明不好以及很难进出等。

（3）受限空间可能潜在的风险：中毒、窒息、火灾或爆炸、受挤压或触电等。

（4）避免进入受限空间：好的工作计划或不同的方法可以减少进入受限空间中工作的需求。

（5）受限空间工作的安全系统：操作者必须接受相关的培训；有安全监护人员在场；检查操作空间，清理、检测、通风、隔离；工作许可证；安全的工具、个人防护装备；与安全监护人员时刻保持通信联络；紧急状态程序等。

自我测试

（1）选择题

① 下列哪种描述不属于受限空间？（　　）

a. 入口受限　　b. 没有自然空气流通

c. 有限的工作空间　　d. 为人居住而设计的区域

② 在什么情形下，可以认为一个人进入了受限空间？（　　）

a. 当他的头或肩部进入时　　b. 当他的身体任意部位进入时

c. 当他的整个身体进入时　　d. 当他的头部进入时

③ 安全监护人员可以进入受限空间吗？（　　）

a. 可以　　b. 不可以

c. 有时候可以　　d. 已经在受限空间内的监护人员

④ 火灾或爆炸发生的三要素是（　　）：

a. 地面、风或点火　　b. 助燃物、可燃物和点火源

c. 汽油、打火机和烟气　　d. 蒸汽、点火源和氮气

（2）判断题

① 当有毒或可燃气体存在时，可采取通风措施保证作业场所的安全。（　　）

② 操作人员在进入受限空间之前，氧含量必须达到17.5%（体积分数）。（　　）

③ 应急演练应该在训练者不直接接触危害的情况下，尽可能真实。（　　）

④ 安全监护者要站在受限空间入口处，并时刻保持与里面操作者的联络。（　　）

课程评估

【任务】根据课程中讲述的受限空间作业安全系统，学生分组完成案例分析。

要求 写出并讨论事故发生过程中错误的操作程序及环节。

2005年2月，某石油管理局发生一起重大生产人员伤亡事故，造成三人死亡。2月15日10时左右，该石油管理局球罐分公司张某（经理）、王某（副经理）、赵某（技术员）及工人李某共四人按照公司的安排，到合成氨装置火炬系统检查蒸汽伴热系统冻堵情况。当检查卧式水封罐的罐内是否有泄漏点时，王某和赵某将罐顶人孔盖卸开，王某先下到罐内进行检查，因罐内充满氮气（未投入生产），晕倒在罐内。赵某发现后钻进罐内救人又晕倒在里面，张某随后拴上绳进到罐内再次救人，也晕倒在罐内。随同在场的工人李某立即呼救，附近的两名司机赶到现场，将张某拖出，同时报警。医护人员和消防队员先后到达现场后将王某和赵某抬出，经现场抢救无效，王某等三人均因氮气窒息死亡。

模块七
设备检修与维护

本模块任务

① 了解化工设备检修与维护的操作任务；
② 认识到设备检修与维护过程中的风险；
③ 学会设备检修与维护作业的安全防护措施。

1 为什么要对设备进行检修与维护

在企业中，由于生产的连续性需要机器和设备长期不停地运转。在日常使用和运转过程中，由于外部负荷、内部应力、磨损、腐蚀和自然侵蚀等因素的影响，会造成设备零部件的尺寸、形状、力学性能等发生改变，使设备的生产能力降低，原料和动力消耗增高，产品质量下降，甚至造成设备故障，导致危险事故发生。例如，腐蚀性物料会导致设备或管道泄漏，机械设备长期运转会因磨损导致断裂。定期对设备进行检修和日常维护保养能够保证设备安全正常运行，大大延长机器设备的使用寿命，使其长期发挥生产效能，并且将显著减少设备故障需要的修理费用，降低了由于设备故障导致的生产损失，是预防风险事故发生的有效措施。

检修维护工作有两种类型，即紧急维修和定期维护。紧急维修在设备发生故障时进行，因为故障可能导致危险情况发生，此类维修工作必须尽快进行。定期维修属于预防性维护，即定期有计划地检查和保养机器，避免设备出现故障。通常企业会安排进行不同类型的设备检修，如大修、小修、日常检修、计划外检修等。所有设备都需要进行定期维修，这是设备安全正常运行的重要保障。

需要指出的是，虽然检修和维护可以控制设备故障导致的事故风险，但任何检修和维护工作本身也伴随着重大事故风险。与其他行业相比，化工生产装置具有复杂、危险性大的特点，如果作业人员在进行设备检修和维护时，没有能够充分地进行风险识别，防范措施不到位，很可能导致事故的发生。有关数据表明，在重大生产事故中，发生在检修过程的占了40%以上。因此，当操作人员在设备的检修与维护过程中，能够识别潜在的风险，就能够采取有效的措施降低风险，避免事故的发生。

段落话题

说一说设备的维护和检修有哪些重要意义。

2 在检修和维护过程中，会遇到哪些风险

设备的检修和维护是一项系统的工作，设备种类繁多、检修工种不同，设备内外、上下同时作业，工作现场环境复杂，工作过程始终伴随着风险。

以典型的化工生产装置检修作业为例，检修一般分为准备、停车、检修、开车四个阶段。主要操作任务见表1-10。

表1-10 检修主要操作任务

阶段	主要操作任务	阶段	主要操作任务
准备阶段	制订切实可行的检修方案 制订安全及防护措施 明确各种配合联络程序、信号 检修人员的教育培训	停车阶段	安全隔离 设备清洗和吹扫置换 有害化学品浓度监测 锁闭电气设备
停车阶段	停工条件检查确认和实施 设备泄压 设备冷却 排净物料	检修阶段	进行维护或修理
		开车阶段	进行设备试运行 起动设备

针对每个阶段的工作特点，相应地进行危害识别和风险评价，并根据结果制订和实施控制措施，是检修过程中风险控制的主要理念。对上述检修作业的主要操作任务进行综合分析，对存在的风险进行归类如下。

（1）危险化学品介质检修作业风险

当对存储、输送危险化学品的设备或管道进行检修或维护时可能导致如下情况发生：有毒、有害化学品对作业人员的身体损害；腐蚀性介质对作业人员的身体、衣物、工具的损伤；危险化学品的燃烧、爆炸；高温物质的烧伤、灼伤。

（2）机械设备（含阀门、电动机）检修作业风险

进行机械设备检修时，如果操作不规范或者采取的安全措施不当易导致下列情况发生：切割伤危险；挤压伤危险；喷射材料导致的危险；坠落危险；电击伤害。

（3）高空检修作业和受限空间检修作业风险

当进行高空作业和密闭空间作业时，安全措施不到位易发生如下情况：坠落危险；窒息、中毒事故；危险化学品的燃烧、爆炸事故。

（4）动火检修作业风险

设备检修和维护需要进行加热或焊接、切割等动火作业时若处理不当容易发生以下情况：作业人员烧伤、烫伤；火灾、爆炸事故；弧光辐射；触电危险。

（5）电气检修作业风险

进行电气设备检修作业时可能由于电气事故导致：电击危险；火灾、爆炸事故。

（6）意外风险

在设备维护和检修过程中，由于很多不确定因素的影响，还有可能出现一些意外情况，如：压力的升高或降低；温度的升高或降低；物料的泄漏；设备突然启动。

出现风险事故往往由于各种因素的影响。有关数据表明，在化工生产、检修过程中

发生的事故，88%是由于作业人员的不安全行为造成的，10%是由于工作中的不安全条件造成的，其余2%是综合因素造成的。由此可以看出，在相同的工作条件下，作业人员的不安全行为是造成事故的主要原因。因此需要操作人员在进行检修、维护作业时能够充分地进行风险识别和安全评价，采取有效的措施控制检修过程中的风险，避免事故的发生。

用于个人防护用品（PPE）评价的工作危害分析见表1-11。

表1-11 用于个人防护用品（PPE）评价的工作危害分析

工作/任务：________________ 地点：________________

工作/任务步骤	危害类别	危害源	处于风险中的身体部位	严重程度	可能性	控制方法

注：工程、工作实践、和（或）管理方面的危害控制，如要求员工使用PPE前进行监督。

评价证明

*工作地点名称：________________ *地址：________________

*评估人：__________ 职位：__________ *评估日期：__________

控制措施批准人：__________ 职位：__________ 日期：__________

段落话题

（1）对化工设备进行检修时会遇到什么风险？需要采取哪些措施？

（2）为什么在检修时要进行设备的管道隔离？

3 如何最大限度地控制设备检修和维护中存在的风险

对于检修和维护过程中可能出现的风险，应该尽可能进行提前预防，采取系统、科学、有效的方法，最大限度的控制事故的发生。美国杜邦公司提出“所有安全事故都是可以避免的”安全理念。

在通常情况下，应该在以下几个阶段采取措施，及时控制风险。

（1）设备的设计、安装过程

这是防止事故发生的“源头控制”。在设备的设计过程中，设计师应充分考虑维护或修理过程可能伴随的风险，并给出限制风险事故发生的解决方案。例如，压力容器在设计时就应该考虑到配备卸压阀，降低在实际操作中出现危险情况的风险；设备的旋转部件安装隔离网，防止肢体卷入设备发生伤害事故。设计和安装设备时必须考虑到便于进行维护和修理工作，如需要频繁维护的部件应位于容易接触到的地方；如果需要部件位于不易接触到的位置，设计师应该尽量在设计设备时提供维护工作所需的设备。例如，提升设备、平台、紧固凸耳或脚手架铺板支架等。

（2）设备检修或维护的方案制订过程

不论是紧急修理还是定期维护，在作业之前必须组织有关技术人员对设备装置进行全面系统的风险识别和评价，然后根据结果制订停车、检修、开车方案及其安全措施、紧急情况下的应急响应措施等方面的检修方案。方案必须详细具体，对每一步骤都要有明确的要求和注意事项，并指定专人负责。方案确认无误后经生产、技术、安全等部门逐级审批，书面公布，严格执行。制订科学合理、详尽完善的检修方案是控制风险事故发生的基本保障。

作业人员在实施检修与维护作业前应进行相关的培训教育，内容包括检修作业方案、任务、安全措施、有关规章制度、不安全因素及对策、应急处理措施等内容。

（3）设备的检修与维护操作过程

通过合理的设备设计安装以及制订详细的检修方案，可以有效地避免很多事故的发生，但不可能完全避免所有风险。在实际工作中有效地进行风险识别和安全评价，采取相应的安全防范措施，杜绝作业人员的不安全行为，是安全生产、检修的关键。

4 在进行设备维护和检修工作时，通常采取哪些安全措施

工厂进行设备维护或修理之前，首先要求作业人员明确你要执行的工作任务，掌握生产的性质和特点，在此基础上采取有效的安全措施，防止事故的发生。

以化工设备的检修为例。在检修工作开始之前，检修人员首先应该按照停车方案进行降压、降温、排料等停车操作。在此过程中，由于物料的温度、压力、组分发生变化可能导致化学过程改变，发生燃烧或者爆炸；也可能由于突然降压或气体冷凝造成压差，使设备出现“吸瘪”变形；阀门开启会导致流体物料泄漏；设备内会残留有毒有害或易燃易爆成分……为了防止这些危险的发生，必须关闭阀门，使用插板、盲板法兰等装置对设备、管道进行安全隔离，并进行惰气吹扫和空气置换，排除出有害气体，防止发生缺氧窒息，必要时对设备内部进行清洗。在操作人员进入设备之前要取样测量有害化学品的浓度，保证作业环境安全。

维护或修理工作期间，要锁闭运行设备的电源并采取上锁措施，挂上标志牌（如图1-32所示），防止他人意外起动设备。检修设备需要用围栏或类似装置隔离工作场所，并随时保持工作场所及工具、设备的清洁（如图1-33所示）。进行电工作业、动火作业、焊接作业、吊装作业、进入设备内作业等特种作业时要按规定取得“动工许可”，设备内作业必须有专人监护，监护人员要随时与设备内取得联系，以免发生意外。操作人员应严格遵守安全操作规程，按要求穿戴合适的个人防护用品、器具，如安全帽、防护服、呼吸保护装置、绝缘鞋、安全带等（如图1-34所示）。

检修结束时有关人员应检查检修项目是否有遗漏，工具和材料等是否遗漏在设备内，装置的盖板、扶手、栏杆、防护罩等安全设施是否恢复正常。检修所用的工具、设备要及时清理干净。检修完工后要对设备等进行试压、试漏、调校安全阀、调校仪表和连锁

装置等试运行，对检修的设备进行单体和联动试车，确认设备所有的部件运行正常，以保证安全启动设备。

图1-32　禁止启动设备的标志牌

图1-33　作业现场的隔离带和标志牌

图1-34　作业人员使用个人防护用品

尽管不同的生产设备维护和检修的内容不尽相同，但只要落实相应的安全防范措施，就可以有效地杜绝危险事故的发生，保证操作人员的安全健康和生产的正常运行。

在设备维护和检修工作中，你可以采取以下安全措施避免发生危险事故。

① 制订完善的设备检修、维护方案并严格执行；

② 进行设备的安全隔离；

③ 密闭设备进行吹扫置换、保持通风；

④ 检测危险化学品的浓度；

⑤ 切断并锁闭电气设备；

⑥ 选择适合的工具和设备并正确使用；

⑦ 正确使用个人防护用具；

⑧ 用围栏和警告牌等确保工作场所的安全；

⑨ 保持工作场所的清洁；

⑩ 各部门保持沟通、协作；

⑪ 使用安全检查表。

在设备检修时使用安全检查表是现场安全管理最基础的一种方法，也是实施安全检查和发现潜在危险因素的有效手段。安全检查表可根据作业特点和要求，分部门、分专业进行制订。实践证明，应用安全检查表可以有效提高作业现场的安全管理，规范操作单位和人员的安全行为，有效地控制了过程的安全风险，为维护检修工作的安全、可靠、顺利进行奠定了基础。

图1-35 ～图1-37为装置检修前后及检修时的风险分析。

图1-35　装置检修前的风险分析

图1-36　装置检修时的风险分析

图1-37　装置检修后安装的风险分析

段落话题

观察、判断下面两幅图片中的行为是否正确?

课程总结

（1）设备需要进行维护检修，设备检修与维护过程有风险存在。

（2）设备的检修作业包括准备阶段、停车阶段、检修阶段和开车阶段。主要的风险包括危险化学品介质检修作业风险、机械设备检修作业风险、高空检修作业和受限空间检修作业风险、动火检修作业风险、电气检修作业风险和意外风险等。

（3）通过在设备的设计、安装，制订检修方案以及检修与维护操作三个阶段采取措施最大限度地控制设备在检修和维护中风险。

（4）在设备维护和检修工作中，可以采取以下措施避免发生事故：

- 制订完善的设备检修、维护方案并严格执行
- 进行设备的安全隔离
- 密闭设备进行吹扫置换、保持通风
- 检测危险化学品的浓度
- 切断并锁闭电气设备
- 选择适合的工具和设备并正确使用
- 正确使用个人防护用具
- 用围栏和警告牌等确保工作场所的安全
- 保持工作场所的清洁
- 各部门保持沟通、协作
- 使用安全检查表

附：

某车间大修现场安全检查表　　时间：

项目	检查内容		项目进度					
			1	2	3	4	5	…
劳保用品	1	电气作业人员必须穿戴绝缘鞋						
	2	凡是可能被火花、金属屑等物伤害的作业人员都必须戴护目镜或面罩						
	3	按规定穿戴工作服等防护用品						
	4	到现场不准穿拖鞋、裙子、短裤、背心						
	5	高处作业人员必须配戴安全带，安全帽						
项目管理	6	各施工项目有相应的安全技术措施						
	7	委外工程有否签订安全管理协议						
	8	有无对施工人员进行教育并签名确认						
	9	特种作业有否持证、有否办理相关报批手续						
现场施工管理	10	相关现场安全责任人检查监督到位情况						
	11	有否挂“施工作业证”及安全警示标志						
	12	有否每天组织检查并做好记录						
	13	重大危险作业、交叉作业有无划出作业区域，负责人有否在现场指挥协调						
	14	物品摆放是否有序、分类堆放						

续表

项目	检查内容		项目进度					
			1	2	3	4	5	…
安全技术	15	电气设备的带电体部分应绝缘完好、不准裸露，其金属外壳都必须有良好的接地（零）保护						
	16	焊接设备、起重设备的安全状况						
	17	各种气瓶是否符合安全要求						
安全技术	18	罐内作业、机内作业、容器内作业和潮湿场所作业的照明灯是否符合安全要求						
	19	超高空作业的各种防护设施的落实情况						
	20	移动式的电动设备，特别是手提式电动工具电源处都必须装有漏电保护器						
人员安全	21	有无按安技措施计划严格执行操作						
	22	有无违章行为						
	23	有无违章指挥						
	24	有无违反劳动纪律						
备注								

自我测试

（1）选择题

① 储罐内的物料易产生结晶堵塞管道。储罐配有管束，用于在需要时对产品进行冷却或加热。下列方法中采取（　　）能够防止产品结晶。

a. 通过管束泵送冷却水　　b. 通过管束传送蒸汽

c. 通过管束泵送盐水　　d. 通过管束吹送空气

② 你需要进入已经采用氮气吹扫的储罐内进行作业。你会遇到危险的是（　　）。

a. 储存罐内的气体引起中毒

b. 由于缺氧而窒息

c. 火灾危险

d. 不再有任何风险，因为氮气已经吹净所有危险蒸气

③ 进行检修作业前，要做好的准备工作不包括（　　）。

a. 制订检修方案　　b. 储备好生产原材料

c. 进行安全培训教育　　d. 制订安全防护措施

④ 进行设备维护工作第一步需要做的是（　　）。

a. 进行维护工作　　b. 打开设备

c. 进行设备试运行　　d. 停止设备

⑤ 以下说法是正确的是（　　）。

a. 在设备内工作使用多重锁以防止其他人意外起动设备即可

b. 设备设计时使用材料必须尽可能便宜

c. 需要频繁更换的部件应位于容易接触到的位置

d. 所有修理工作必须在一个班次内完成

⑥ 在装有叶轮的储存罐内执行工作之前，需要采取的安全措施是（　　）。

a. 关闭叶轮

b. 关闭叶轮并锁闭开关，专人负责保管钥匙

c. 关闭叶轮并锁闭开关，将钥匙挂在开关旁边

d. 按下紧急停止按钮停止整个装置

⑦ 如果打开密闭设备时，可能会遇到的风险有（　　）。

a. 窒息、中毒、燃烧、爆炸、坠落、电击

b. 窒息、中毒、燃烧、爆炸、灼伤

c. 坠落、弧光辐射、触电、燃烧、爆炸

d. 窒息、中毒、爆炸、弧光辐射、触电

⑧ 在下列情况中，（　　）不可以进行机器的维修工作。

a. 没有安全员在场　　b. 机器在开动中

c. 没有操作手册　　d. 没有佩戴安全帽

⑨ 对化学品储罐进行清洗作业，需要采取的安全措施是（　　）。

a. 氮气吹扫置换　　b. 取样检测有害化学品的浓度

c. 设备管道安全隔离　　d. 以上都包括

⑩ 对设备进行维修作业，需要取得“动工许可”方可作业的是（　　）。

a. 焊接作业　　b. 电工作业

c. 进入设备内作业　　d. 以上都包括

（2）判断以下操作哪些属于紧急维修，哪些属于定期维修

① 传送带的支撑辊补充润滑油。（　　）

② 旧的驱动带断裂后，换上新的驱动带。（　　）

③ 原料泵每运行1000h后就需要停下来，起动另一个泵，维修工修理已经停止的泵。（　　）

④ 清洗锅炉。（　　）

⑤ 去除洗衣机加热元件的污垢。（　　）

⑥ 为有裂缝的物料储罐进行焊接修补。（　　）

课程评估

【任务】调查加工制造业企业某一车间（或装置）进行设备维护、检修的有关安全管理措施。

内容　① 车间（或装置）设备检修的种类和检修周期；

② 车间（或装置）大修需要的准备工作；

③ 车间（或装置）大修方案（或计划）的主要内容；

④ 大修过程的主要程序；

⑤ 大修过程采取的安全管理措施；

⑥ 根据调查内容编制一份“安全检查表”。

要求在教师组织、指导下，学生分组调研、讨论完成任务。

模块八 压力容器的安全使用

本模块任务

① 认识压力容器的分类；
② 了解压力容器的风险因素和事故预防，以及安全使用；
③ 了解压力容器的安全附件；
④ 了解引起锅炉爆炸事故的危险因素；
⑤ 学会气瓶的安全使用。

1 压力容器如何定界和分类

1.1 我国压力容器的界限

① 最高工作压力（p_W）≥0.1MPa（不包括液体的静压力）；
② 内直径（非圆形截面则指其最大尺寸）≥0.15m，且容积≥0.025m^3；
③ 介质为气体、液化气体和最高工作温度高于常压沸点的液体。

压力容器的使用受有关部门的监管。家用高压锅属于生活中耐压用品，但不满足第②条，因而不属于工业上的压力容器，也就用不着有关部门到家中对其进行监管。

1.2 压力容器分类

压力容器分类见表1-12。

表1-12 压力容器分类参考表

分类方式	分类			
按压力（分四类）	低压容器（0.1MPa≤p<1.6MPa）	中压容器（1.6MPa≤p<10MPa）	高压容器（10MPa≤p<100MPa）	超高压容器（p≥100MPa）
按设计温度（分三类）	低温容器：t≤-20℃	常温容器：-20～450℃	高温容器：t>450℃	
按使用方式（分两类）	固定式容器，如：球罐	移动式容器，如：气瓶、槽车		
按用途（分四类）	反应压力容器（代号：R）如：反应器，聚合釜，合成塔，煤气发生炉	换热压力容器（E）如：锅炉，余热锅炉，热交换器，蒸发器	分离压力容器（S）如：精馏塔，吸收塔，汽提塔，缓冲器	储存压力容器（C）（球罐代号：B）如：气瓶、球罐

段落话题

石油液化气气瓶属于压力容器吗？按用途分，属于哪类？

2 压力容器的风险因素有哪些，如何预防

2.1 压力容器的事故危害

压力容器事故主要表现为压力容器在运行中破裂、压力容器泄漏。破裂的危害有震动危害、碎片破坏危害、冲击波危害、有毒液化气体容器破裂的毒害及二次爆炸燃烧。

2.2 压力容器的风险因素

容器破裂原因有五种：塑性破裂，脆性破裂，疲劳破裂，腐蚀破裂和蠕变破裂。当压力超过材料的强度极限时，发生塑性破裂。当温度过低使材料变脆时，或制造中缺陷造成材料局部性能不够时，发生脆性破裂。在容器频繁加压、泄压后，材料发生疲劳而性能不够，会发生疲劳破裂。容器钢材在腐蚀介质作用下，引起变薄或性能降低，会腐蚀破裂。当温度过高使材料性能下降，而发生缓慢的塑性变形，变形不断积累会发生蠕变破裂。

然而，制造缺陷、超载、超压、超高温、超低温、操作不稳、腐蚀等才是造成压力容器运行风险的初始因素。欲保证压力容器的安全运行，应从这些因素入手防止压力容器运行中发生破裂、泄漏。

2.3 压力容器事故预防措施

① 通过建立压力容器安全管理制度、加强维护和定期检查，确保压力容器及附件状态良好，可从根本上防止压力容器的爆炸和泄漏；

② 使用中，平稳操作、防止超载、超压、超高温、超低温，确保压力容器正常运行；

③ 在锅炉操作中要禁止超压和缺水；

④ 在气瓶充装中严禁超装、错装、混装；

⑤ 对所有涉及易燃易爆物料的压力容器需要作防静电处理；

⑥ 在所有涉及有毒气体的压力容器操作中要防泄漏、做好个人安全防护。

3 压力容器如何安全使用和维护

3.1 做好准备工作

全面检验，编制开工方案并报批，操作人员熟悉流程、参数和开工方法，之后对压力容器试运行；最后进料并投入运行。

3.2 按照规程操作

反应容器和储存容器的操作应区别对待。操作反应容器须严格按照规定的工艺要求

投料、升温、升压和控制反应速度，注意投料顺序，严控投料配比，并按规定顺序进行降温、卸料和出料；为减少载荷变化引起压力容器疲劳破坏，应该避免突然升压、减压，避免频繁加压和卸压；为防止设备腐蚀，需要控制腐蚀性介质的成分、流速、温度、水分及pH值等指标。例行巡检中，应检查容器、附件及安全装置的工作状况，及时发现不正常情况，采取相应措施。

3.3 压力容器的停运

（1）正常停运

需编制停工方案，包切断物料、排除物料、吹扫、置换等工作事项，操作人员应严格按停工方案进行停运操作。

（2）紧急停运

压力容器运行中，当发生操作压力或壁温超过操作规程规定的极限值且无法控制继续恶化、承压部件出现裂纹、容器鼓包变形、焊缝或可拆连接处出现泄漏、安全装置全部失效、连接管件断裂、紧固件损坏、岗位火灾威胁到容器的安全操作、高压容器的信号孔或警报孔泄漏等任何一种突发事故时，应紧急停运。有些压力容器设置紧急停车装置（ESD：Emergency Shutdown Device），当工艺参数出现严重异常时，紧急停车装置会自动实现紧急停运。

3.4 压力容器的维护

压力容器运行期间的维护包括以下几方面内容：保持完好的防护层；消灭容器的“跑”、“冒”、“滴”、“漏”；维护保养好安全装置，如安全阀，压力表；减少与消除压力容器的震动。

段落话题

压力容器安全使用和维护包括哪些要求?

4 压力容器的安全附件有哪些

安全附件包括：安全阀、爆破片、压力表、液位计、温度计、减压阀、紧急切断阀和常用阀门等。这些附件的灵活可靠，是压力容器安全工作的重要保证。

4.1 安全阀

安全阀是常用的一种安全泄压装置，仅仅泄放容器内高于规定的那部分压力。它通过阀的自动开启来排放气体，达到降压目的。由阀座、阀瓣和加载机构组成。

① 安全阀按加载机构分重锤杠杆式平衡阀（见图1-38）和弹簧式安全阀（见图1-39）。

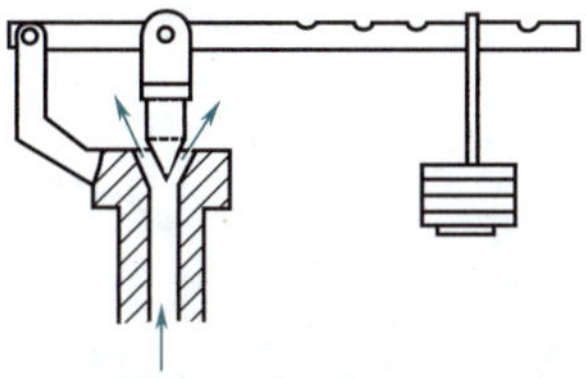

图1-38 重锤杠杆式平衡阀

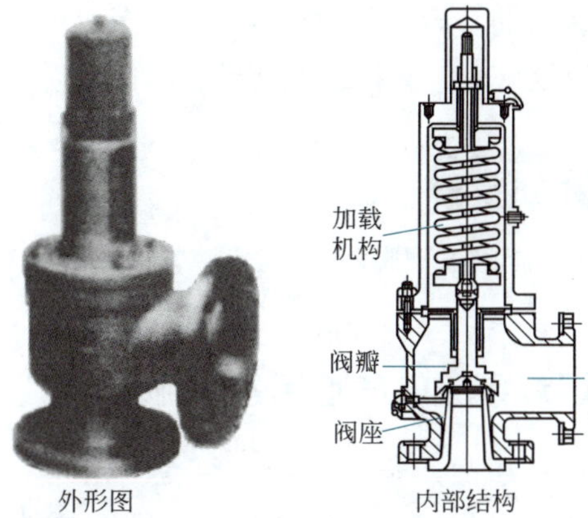

图1-39 波纹管弹簧式安全阀

② 主要性能参数包括公称压力、开启高度、安全阀的排放量；安全阀的公称压力是指在常温状态下的最高许用压力，需同容器的工作压力匹配，用p_N表示，如p_N0.4MPa，p_N0.6MPa等。

③ 安全阀的缺点是密封性较差，由于滞后作用大故不能用于压力急剧升高的反应器，当气体不洁时阀座可能被堵塞。

④ 安全阀使用故障主要有阀门泄漏、阀门震荡、启闭不灵活、不在调整压力下启闭、不能完全开启、排放管道震动等，这些故障可通过适当措施加以排除。

⑤ 安全阀检验每年至少应一次。开启压力应调整为容器最高工作压力的1.05～1.1倍，对低压容器可调整到比工作压力高0.98MPa。安全阀需要经常维护，以使动作灵敏可靠、密封性良好。

4.2 爆破片

爆破片又称防爆膜、防爆片，是一种断裂型的泄压装置，靠膜片的断裂来泄压。泄压后爆破片不能继续有效使用，压力容器也被迫停止运行。

爆破片主要由一副夹盘和一块很薄的膜片组成，因而爆破片装置实际上是一套组合件。容器压力变化幅度大时，可采用拉伸型爆破片，这种装置的膜片为预拱成型，并预先装在夹盘上，见图1-40。高压场合可采用锥形夹盘型爆破片，见图1-41。

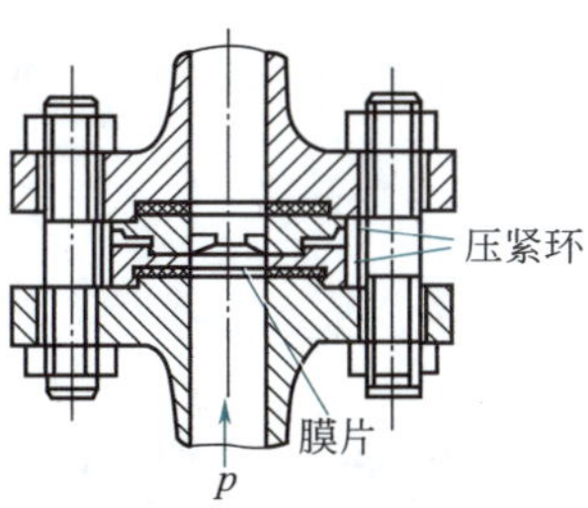

图1-40 拉伸型爆破片

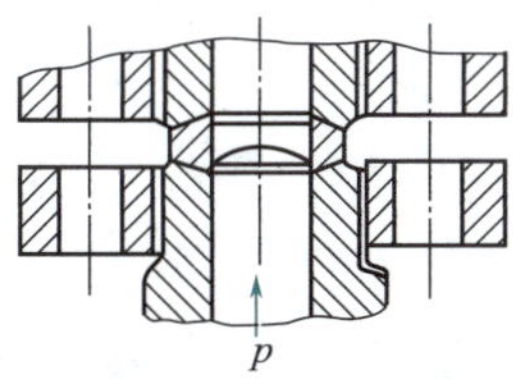

图1-41 锥形夹盘型爆破片

爆破片适用于气体介质不洁净、有剧毒性和腐蚀性的压力容器，以及压力升高迅速的反应容器。对于爆破片，要求产品合格、选用符合设计要求、2～3年作一次定期更换，对易燃、有毒的介质，排出口应装设导管，使其介质引入安全处处理。爆破片的维护主要是定期检查爆破片、夹持器及排泄管道的状况。

段落话题

安全阀的作用是什么？主要故障有哪些？

5 锅炉爆炸事故的危险因素有哪些

锅炉爆炸事故，一般是指主要受压元件，如锅壳、过热器、再热器、对流管束、水冷壁集箱等，发生较大尺寸的破裂，瞬间释放介质和能量。其危险因素主要有三种：超压、缺陷和缺水。

（1）超压

压力表失灵造成压力误判，出汽阀故障造成锅炉不排汽，自动仪表失灵或操作人员没有实施监控，安全阀失灵没有及时泄压，锅炉违规使用、将低压蒸汽锅炉作为高压蒸汽锅炉使用，都会造成超压。超压引起塑性破裂。

（2）缺陷

自制的压力容器设计不合理、制造中技术和材质把关不严，都会造成缺陷；另外，锅炉制造、检修中焊接不当可能使焊缝材料变脆，腐蚀可使锅炉壁厚变薄并可能产生裂缝，操作中频繁升压、泄压可能使锅炉材料疲劳。这些缺陷都可能导致锅炉破裂。

（3）缺水

锅炉缺水会使锅炉材料温度急剧升高，锅炉发生蠕变破裂；锅炉一旦严重缺水下，发现后不能加水，而应立即按程序停炉，否则加入的水遇过热金属急剧汽化，有爆炸危险。

锅炉保护装置有超温报警连锁保护装置、高低水位警报和低水位连锁保护装置和锅炉熄火保护装置等。

段落话题

锅炉爆炸事故的危险因素有哪些？

6 气瓶如何安全使用

6.1 气瓶概述

（1）气瓶分类

气瓶按充装物料的状态分为永久气体气瓶、液化气体气瓶和溶解乙炔气瓶。

永久气体气瓶是指充装物料为永久性气体（临界温度低于-10℃）的气瓶，公称压力（20℃时气瓶内气体的限定充装压力）有8MPa、12.5MPa、15MPa、20MPa和30MPa等五种。均采用无缝结构的壳体，空气瓶、氧气瓶、氮气瓶等属于此类，工作压力决定于气体的充装量。

液化气体气瓶是指充装物料为液化气体（临界温度高于–10℃）的气瓶，瓶中气体一般呈气液两相平衡状态。高压液化气体气瓶公称压力一般采用8MPa、12.5MPa、20MPa等，采用无缝结构，如乙烯钢瓶属于此类，工作压力决定于气体的充装量。低压液化气体气瓶可以采用焊接结构，公称压力（60℃时气瓶内气体的上限值）有1MPa、1.6MPa、2MPa、3MPa、5MPa等五种，如氯气钢瓶属于此类，工作压力取决环境温度和充装系数。

（2）气瓶区分

气瓶的充装物可通过字样、颜色来区分。常见气瓶的颜色，见表1-13。

表1–13　常见气瓶的颜色

气瓶名称	表面颜色	字样	字样颜色	气瓶名称	表面颜色	字样	字样颜色
氢	深绿色	氢	红色	氧	天蓝色	氧	黑色
氯	草绿色	液氯	白色	氨	黄色	液氨	黑色
空气	黑色	空气	白色	氮	黑色	氮	黄色
二氧化碳	铝白色	液体二氧化碳	黑色				

6.2　气瓶使用风险与防范

气瓶属于移动的储存压力容器，气瓶使用中风险来自运输、危险化学品、压力容器本身。风险危害可能导致气瓶爆炸、泄漏，以及有毒液化气体钢瓶破裂、泄漏引起的毒害及二次爆炸燃烧。

气瓶使用的风险防范主要从气瓶安全可靠、移动中防撞击、防暴晒，充装、使用中防止超装、错装、混装等方面入手采取措施。

6.3　气瓶安全使用

（1）确保气瓶安全可靠

① 气瓶生产厂家必须有制造资格；所购气瓶必须合格；瓶阀必须安全可靠。

② 选用气瓶的种类必须与充装气体一致，并确保气瓶的公称压力够用。

③ 定期检验，气瓶储存腐蚀性气体，每2年一次；一般气体，每3年一次；惰性气体，每5年一次。

④ 存在严重缺陷或已过检验期限、已经评定报废的气瓶不得使用！

（2）确保气瓶安全储运

① 气瓶储存遵循危险化学品储存一般原则和要求，应置于专用仓库中，分类存放，空瓶与实瓶分开放置。

② 储气气瓶的运输应遵循危险化学品运输一般原则和要求，有明显安全标志，作防碰撞处理，如装上防震圈，戴好瓶帽，夏季运输有遮阳设施。液化石油气的气瓶禁止长途运输。

（3）确保气瓶安全充装

① 充装前需了解最大充装量、充装系数、充装压力和充装温度四个参数。对永久气体气瓶和高压液化气体气瓶，最大充装量的确定以确保20℃时压力不超过气瓶的公称压

力、60℃时压力不超过气瓶水压试验压力的0.8倍为原则。对于低压液化气体气瓶，最大充装量的确定应以确保在最高使用温度（60℃）下瓶内不满液、保留一定的气体空间为原则。

② 严禁超装、错装、混装。不允许超量充装；不允许将一种气体错误装入另一种气体的气瓶；不允许用低压瓶充装高压气体；不允许将两种或以上的气体、液体装入同一气瓶。

③ 对氧气、易燃易爆气体（如乙炔）、有毒有反应活性气体（如氯气）的充装有严格要求。气体纯度达不到要求不能充装；剩余气体成分达不到要求（包括新瓶）应对不纯气体抽真空、进行置换处理。

（4）确保气瓶安全用气

① 使用前检查气瓶及附件，如气阀、减压阀、压力表的安全状态。

② 气瓶的放置地不得靠近热源，不能用超过40℃的热源对气瓶进行加热，夏季要防晒。

③ 气瓶严禁敲击、碰撞，立放气瓶防倾倒。

④ 为防倒灌，永久气体气瓶的剩余压力应不低于0.05MPa（环境温度越高，要求剩余压力越高），液化气体气瓶应保留不少于0.5%规定充装量的剩余气体。在一些高压、反应场合使用的气瓶，在连接装置上必须配置防倒灌装置，如单向阀、止回阀或缓冲罐等。

段落话题

如何确保气瓶安全充装？

课程总结

（1）压力容器事故主要表现为压力容器在运行中破裂、泄漏，导致爆炸、毒害及二次爆炸燃烧。制造缺陷、超载、超压、超高温、超低温、操作不稳、腐蚀等是造成压力容器运行风险直接的因素。通过建立压力容器安全管理制度、加强维护和定期检查，确保压力容器及附件状态良好，可从根本上防止压力容器的爆炸和泄漏。

（2）压力容器安全使用的关键是按规程操作、按方案停运，加强压力容器的维护。

（3）安全阀、爆破片等起泄压作用。安全附件的灵活可靠是压力容器安全工作的重要保证。

（4）锅炉爆炸事故危险因素主要有三种：超压、缺陷和缺水。

（5）气瓶使用风险的防范主要从气瓶安全可靠、移动中防撞击、防暴晒，充装、使用中防止超装、错装、混装等方面入手采取措施。

自我测试

（1）选择题

①（　　）属于引起压力容器脆性破裂的风险因素。

a. 高温　　　　b. 高压

c. 压力频繁急剧波动　　　　d. 在焊缝处多次焊接

② 反应压力容器温度失控急剧升高，会导致（　　）和（　　）。

a. 塑性破裂　　b. 脆性破裂

c. 腐蚀破裂　　d. 蠕变破裂

③ 压力容器频繁地突然升压和突然降压会导致（　　）。

a. 塑性破裂　　b. 脆性破裂

c. 疲劳破裂　　d. 蠕变破裂

④ 锅炉缺水会使锅炉材料温度急剧升高，锅炉发生（　　）。

a. 塑性破裂　　b. 脆性破裂

c. 疲劳破裂　　d. 蠕变破裂

（2）判断题

① 石油液化气气瓶是家用的，没有定期检验要求。（　　）

② 安全阀是通过阀的自动开启来排放气体，达到降压目的。（　　）

③ 氯气钢瓶在受到其他爆炸冲击波的冲击不会引发爆炸。（　　）

④ 爆破片适用于气体介质不洁净、有剧毒性和腐蚀性的压力容器。（　　）

⑤ 气体钢瓶使用中在导气管上增加止回阀防倒灌，归根结底是防止错装、混装。（　　）

课程评估

【任务】将学生分成若干活动组。每个活动组又分为A、B小组。在模拟的一个使用氯气生产氯化石蜡的工段，对安全使用氯气瓶作业进行演示和描述。

准备　氯气瓶图片（图1-42）、氯化反应器图片（或视频材料），管路、阀门、流量计、压力表、止逆阀、缓冲罐，写字白板、白板水笔，氯气化学品危险标志、作业场所氯化学品安全标签及相应的防护用品，如空气呼吸器。

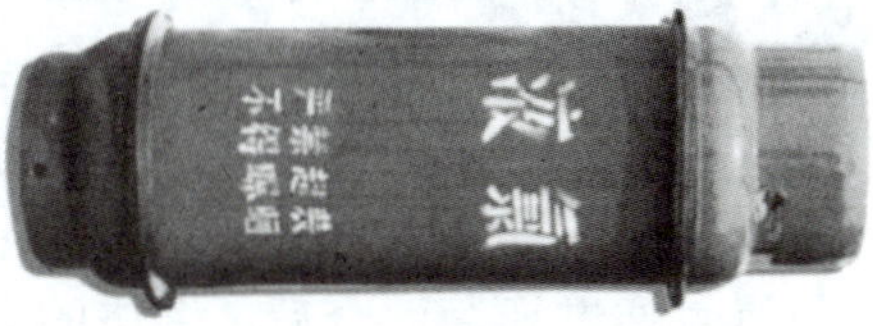

图1-42　氯气瓶

要求　教师先介绍氯气使用有关知识。然后，A小组学生通过讨论，在写字白板上画出氯气瓶使用的连接图，并穿戴好防护用品描述氯气瓶使用、换气、排污作业；B小组学生作为安全监管员进行观察，记录，讨论并评估风险。之后，A、B小组交换活动。

评估　围绕以下问题进行提问。① 氯气瓶使用时如何放置？② 接到氯气瓶瓶阀的管子为什么要采用紫铜管？③ 紫铜管与氯气瓶上哪个瓶阀相连？④ 氯气瓶与反应器之间为什么要设置缓冲罐、止回阀？⑤ 气瓶内的氯气为什么严禁用尽？⑥ 如何置换氯气瓶？⑦ 瓶阀泄漏怎样处理？小组与小组互评，教师总结讲评。

模块九
焊接安全

本模块任务

① 识别常见的焊接作业；
② 认识焊接作业风险的来源及形式；
③ 学会焊接作业中的安全防护措施；
④ 了解焊接作业的管理手段。

1 为什么学习焊接安全

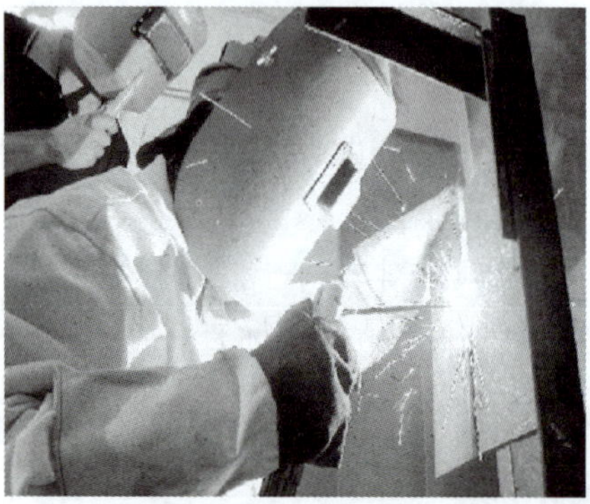

图1-43 焊接作业

焊接技术是一项金属加工工艺，通常是指利用化学能转变为热能或利用电能转变为热能将金属局部、迅速地加热到熔化状态而互相结合的方法。应用较为广泛的焊接方法主要有电焊和气焊。

电焊又称电弧焊，是通过焊接设备产生的电弧热效应，促使被焊金属的截面局部加热熔化达到液态，使原来分离的金属结合成牢固的、不可拆卸的接头的工艺方法。如图1-43所示。常见的焊条电弧焊可以用手工操纵焊条进行全位置焊接，焊接设备轻便、灵活，适用于各种金属材料、各种厚度、各种结构形状的焊接。

气焊是利用可燃性气体与氧气通过焊炬混合后，燃烧的火焰所产生的高温熔化焊件和焊丝而进行金属连接的一种焊接方法。常用的可燃气体主要为乙炔。

金属焊接作业中要使用各种易燃易爆气体、电机电器、登高架设及压力容器等，操作过程中对焊工本人及周围人员、设备和生产环境的安全有重大危害。焊接工艺中产生的热量会引起火灾或爆炸的危险，还可能产生有害的气体和烟雾，容易发生触电、烫伤、爆炸、火灾等事故以及弧光、中毒、粉尘、辐射等职业危害，因此操作者本人和周边作业人员有必要了解相关的知识，认识到自身及设备、装置可能面临的风险，并实施严格的管理手段，采取正确的防护措施，以保证作业人员的安全、健康，防止不安全因素造成危险事故。按照国家标准《特种作业人员安全技术考核管理规则》（GB 5306—85），规定金属焊接（气割）人员为特种作业人员。

段落话题

焊接作业有哪些应用？存在哪些不安全因素？

2 焊接作业有哪些风险

由于焊接作业工作场所差别很大，工作中伴随着电、光、热及明火的产生，因而焊接操作过程中存在着各种各样的风险。

引起焊接作业风险的主要来源有三个方面：一是焊接中使用的材料，如被焊材料、填充材料（焊丝、焊条等）、焊剂、保护气体、被焊材料的涂层等；二是焊接热源，包括电弧、可燃性气体等；三是工作环境，如开放式或封闭式环境、受限空间、潮湿环境、交叉作业环境等。由于焊接过程所应用的乙炔是易燃易爆气体，氧气瓶、乙炔瓶和乙炔发生器都属于压力容器，同时又使用明火，因此作业过程存在较大的风险。如果焊接设备和安全装置有故障，或者操作人员作业时违反安全操作规程，都可能引起危险事故。

（1）触电事故

电弧焊使用电弧作为热源，焊接电源通常是220V/380V，设备空载电压一般在60～90V，高于人体所能承受的安全电压，如操作不当就可能引起触电事故。

（2）火灾爆炸事故

焊接操作经常需要与乙炔、纯氧等易燃易爆危险品接触，特别是在有危险品的场所作业时或检修焊补燃料容器、设备和管道时，还可能因未排尽而会接触到油蒸气、煤气、氢气和其他可燃气体；其次是需要接触压力容器和燃料容器，如氧气瓶、乙炔发生器、油罐和管道等；再次是在大多数情况下焊接采用明火，如电弧、金属熔渣和电焊火花的四处飞溅等，容易导致火灾和爆炸事故的发生。

（3）高温灼伤

焊接过程中电弧弧柱中心温度高达6000～8000℃，电焊火花、金属熔渣飞溅易致人灼伤。

（4）产生有害气体和烟尘

焊条、焊件和药皮在高温作用下，会发生气化、蒸发和凝结现象，产生大量有害烟尘，同时，电弧光的高温和强烈的辐射作用，还会使周围空气产生臭氧、氮氧化物等有毒气体，长期吸入会造成肺组织纤维性病变或中毒等职业病。

（5）光辐射作用

焊接中产生的电弧光含有红外线、紫外线和可见光，对人体具有辐射作用。

（6）电光性眼炎

焊接时产生强烈的可见光和大量的紫外线，对人的眼睛有很强的刺激伤害作用，易导致眼睛结膜和角膜发炎（俗称电光性眼炎）。

（7）高空坠落和中毒、窒息

因焊接作业要经常登高或者进入容器、设备、管道等封闭或半封闭场所施焊，有可能造成高空坠事故或中毒、缺氧窒息等事故。

（8）噪声危害

在焊接作业现场会出现不同的噪声源，如对坡口的打磨、装配时的锤击、焊缝修整等，操作人员长期在噪声环境中工作，就会使听觉和神经系统受到伤害。

段落话题

（1）电焊工为什么必须穿胶底的安全鞋进行作业?

（2）如果焊工的工作服或手套粘有油等污物会有什么危险?

3 焊接过程应采取哪些安全防护措施

为确保焊接作业安全，保护焊工的身体健康和生命安全，降低焊接作业对人身的伤害及对周围环境的影响，焊接工作者应至少做到三个明白：一是明白所要焊接材料（包括涂层）的成分和性质；二是要明白所要采用的焊接方法以及与该方法相关的潜在危害；三是要明白焊接工作环境及其潜在的危害，并相应采取一系列有效的安全防护措施。

3.1 触电防护措施

① 定期维护和保养电焊设备，提高线路绝缘性能。

② 给焊机安装安全保护装置，如漏电保护器、自动断电装置等。

③ 对焊机采取良好的保护接地或接零措施。

④ 焊机检修、移动工作地点、改变接头或更换保险装置时，必须切断电源操作。

⑤ 焊接操作时使用低压照明设备（如受限空间、潮湿环境等应使用12V安全电压）。

⑥ 焊工作业时必须穿绝缘鞋、戴绝缘手套，做好个人防护措施。

⑦ 加强作业人员用电安全知识及自我防护意识教育，严格按照操作规程进行作业。

3.2 火灾爆炸防护措施

① 焊接前必须按规定办理用火作业许可证，严格做到“三不动火”，即“没有动火报告不动火；动火措施不落实不动火；领导与安全监护人不在场不动火。”

② 焊接前对作业环境进行检查，做好妥善处理，工作场所附近的易燃物品必须迁移，如无法搬动时应采取防护措施。

③ 在临近生产装置区、油罐区内作业必须砌筑防火墙，高空焊接作业应使用石棉板或铁板予以隔离，防止火星飞溅。

④ 凡在生产、储运过易燃易爆介质的容器、设备或管道上施焊前，必须关闭管道或用盲板封堵隔断，并按规定对其进行吹扫、清洗、置换、取样化验，经分析合格后方可施焊。

⑤ 配备灭火器材。

3.3 有害气体及焊接烟尘防护措施

① 尽可能采用先进的焊接工艺和设备，减少焊接人员接触有害气体及烟尘的机会。

② 采用低尘、低毒焊条，减少作业空间中有害烟尘含量。

③ 采取通风措施，降低作业空间有害气体及烟尘的浓度。

④ 焊接时，焊工及周围其他人员应佩戴防尘毒口罩，减少烟尘吸入体内。

3.4 中毒、窒息防护措施

① 凡在储运或生产过有毒有害介质、惰性气体的容器、设备或管道上施焊前，必须进行安全隔离，同时要对其进行清洗、吹扫、置换，经取样分析，合格后方可进入作业。

② 作业过程应要专人安全监护，焊工应定时轮换作业。

③ 密闭性较强的作业设备，采用强制通风的办法予以补氧（禁止直接通氧气），防止缺氧窒息，现场应配备适量的空气呼吸器，以备紧急情况下使用。

3.5 焊工的个人防护措施

① 焊工和辅助作业人员进行焊接时必须穿好防护工作服和绝缘鞋，戴防护手套和防护面罩、滤光护目镜等，如图1-44所示，避免皮肤灼伤、辐射和对眼睛的刺激。如噪声较大需佩戴耳塞保护听力；特殊作业场合还可以佩戴呼吸防护设备，防止烟尘危害。

② 登高焊接应检查立足点以及脚手架等安全防护设施是否牢靠；焊工必须正确系挂安全带，戴好安全帽，防止高空坠落事故发生，必要时可在作业下方及周围拉设安全网。

③ 在多人作业或交叉作业场所应采取隔离防护措施，设防护遮板，防止强光对其他作业人员眼睛的损害。

图1-44 焊接作业的个人防护

④ 及时清理焊接作业现场，禁止乱堆乱放，以免造成安全隐患。

段落话题

（1）焊工应使用哪些个人保护装备？

（2）对焊接作业现场进行通风有什么重要性？

4 如何对焊接作业进行安全管理

《特种作业人员安全技术考核管理规则》（GB 5306—85）是我国第一个特种作业人员安全管理方面的国家标准。该标准对特种作业的定义、范围、人员条件和培训、考核、管理都作了明确的规定，对提高特种作业人员安全操作水平和企业的劳动安全科学管理，起到积极的推动作用。由于焊接过程存在潜在的危险，根据上述规定，金属焊接、切割作业属于特种作业，操作人员必须接受与本工种相适应的、专门的培训，并经过考试合格，取得《特殊工种操作证》后方能上岗作业。

进行焊接安全作业首先应该加强对焊接作业人员严格的培训和考核，提高此类作业人员的安全技术素质，做到“持证上岗”，这是安全生产的基础。以《中华人民共和国职业分类大典》和《金属焊接与切割作业人员安全技术培训大纲及考核标准》为依据，国家劳动和社会保障部组织制定了《焊工国家职业标准》，对职业的活动范围、工作内容、技能要求和知识水平作了明确规定，为职业教育和职业培训提供科学、规范的依据，使培训者能掌握焊工安全操作规程，保证了焊接作业的安全技术质量。

其次，应该建立科学完善的焊接管理体系，包括管理体系、焊接各项管理制度和焊接技术文件，对焊接生产中的潜在危害进行有效的管理。它们的严密配合与协调，体现了现代焊接生产安全、健康和环保的特征。欧美等发达国家已就此制定了相应的法规和标准，并有专门的管理机构从事这一方面的工作。我国也开始日益重视有关焊接安全、健康和环保的教育，对焊接安全、健康和环保进行科学的管理和控制，体现以人为本、可持续发展、和谐进步的观念。

同时，要建立、健全有关法规和标准，加强生产过程的监督和管理力度，严格执行《特殊工种操作证》、“危险作业许可证”等管理制度，按照安全规程进行作业和实施防护措施，以减少和避免导致危害的风险，保证焊接作业的安全。

课程总结

（1）焊接作业应用广泛，操作过程中存在很大风险。

（2）常用的焊接方法主要有电焊和气焊。

（3）焊接作业的风险主要来源于焊接材料、焊接热源和工作环境。

（4）焊接作业的风险主要有：

- 触电事故
- 火灾爆炸事故
- 高温灼伤
- 产生有害气体和烟尘
- 光辐射作用
- 电光性眼炎
- 高空坠落和中毒、窒息
- 噪声危害

（5）焊接作业可采取的主要措施包括：

- 触电防护措施
- 火灾爆炸防护措施
- 有害气体及烟尘防护措施
- 中毒、窒息防护措施
- 个人防护措施

（6）对焊接（切割）作业进行安全管理的主要手段有：

- 加强对作业人员的培训和考核，取得《特殊工种操作证》后方能上岗作业
- 建立科学完善的焊接管理体系，对潜在危害进行有效的管理
- 建立、健全有关法规和标准，加强监督和管理力度，严格按照安全规程进行作业

附：

焊割作业“十不焊割”原则

（1）焊工未经安全技术培训考试合格，领取操作证者，不能焊割。

（2）在重点要害部门和重要场所，未采取措施，未经单位有关领导、车间、安全、保卫部门批准和办理动火证手续者，不能焊割。

（3）在容器内工作没有12V低压照明和通风不良及无人在外监护不能焊割。

（4）未经领导同意，车间、部门擅自拿来的物件，在不了解其使用情况和构造情况下，不能焊割。

（5）盛装过易燃、易爆气体（固体）的容器管道，未经用碱水等彻底清洗和处理消除火灾爆炸危险的，不能焊割。

（6）用可燃材料充作保温层、隔热、隔声设备的部位，未采取切实可靠的安全措施，不能焊割。

（7）有压力的管道或密闭容器，如空气压缩机、高压气瓶、高压管道、带气锅炉等，不能焊割。

（8）焊接场所附近有易燃物品，未作清除或未采取安全措施，不能焊割。

（9）在禁火区内（防爆车间、危险品仓库附近）未采取严格隔离等安全措施，不能焊割。

（10）在一定距离内，有与焊割明火操作相抵触的工种（如汽油擦洗、喷漆、灌装汽油等能排出大量易燃气体），不能焊割。

自我测试

（1）选择题

① 下列不属于电弧焊风险的是（　　）。

a. 电击危险　　b. 夹住或挂住

c. 爆炸隐患　　d. 产生有害气体

② 当焊工进行焊接作业时，（　　）不是必须采取的措施。

a. 使用绝缘保护装置　　b. 保持防火通道通畅

c. 保持作业现场通风良好　　d. 放置隔声屏风

③ 焊工在进行焊接作业时必须保护其同事。下面（　　）是不合适保护他人的方式。

a. 戴绝缘手套、穿绝缘鞋　　b. 戴护目镜

c. 使用焊接屏风　　d. 进行通风换气

④ 气焊常用（　　）与氧气燃烧作为热源。

a. 乙炔　　b. 二氧化碳　　c. 煤气　　d. 乙醇

⑤ 在电焊中产生（　　）辐射对人体健康有危害。

a. 红外线和可见光　　b. 紫外线和强烈的可见光

c. 红外线和紫外线　　d. 红外线、可见光和紫外线

⑥ 在潮湿环境中作业，照明灯的电压不能超过（　　）V。

a.220　　b.50

c.36　　d.12

⑦ 在密闭空间内进行焊接作业，可以（　　）。

a. 强制通风予以补氧　　b. 直接通入氧气予以补氧

c. 使用36V照明设备　　d. 无人监护作业

⑧ 盛装过易燃易爆物质的容器或管道，焊割前须用（　　）彻底清洗和处理消除火灾爆炸危险。

a. 盐水　　b. 酸液

c. 碱液　　d. 清水

⑨ 在同一作业区内，可以与焊接作业同时进行的操作是（　　）。

a. 汽油擦洗　　b. 汽车加油

c. 喷漆　　d. 设备吊装

⑩ 登高焊接时必须（　　）。

a. 系挂安全带，戴好安全帽　　b. 安装防护网

c. 放置隔离板　　d. 使用梯子

（2）判断题

① 在狭窄空间电焊时，产生的烟气会排斥氧气而造成缺氧，应注意通入氧气以防止窒息。（　　）

② 在通风不良场所焊接时，欲防止烟气或毒气，必须佩戴口罩或防毒面具。（　　）

③ 焊接中焊条上涂覆物的燃烧以及产生焊接烟雾会产生有危险的气体和蒸气。（　　）

④ 电焊机若装有电击防止器，工作人员即可不戴手套进行焊接工作。（　　）

⑤ 戴着潮湿的电焊手套在更换电焊条时会有电击的危险。（　　）

⑥ 电焊工作时，因为短暂的电弧光不会造成伤害，可以不必使用面罩。（　　）

⑦ 可以使用气瓶作为登高支架和支承重物的衬垫。（　　）

⑧ 当焊炬、割炬的嘴头有堵塞物时，最简单的方法是将嘴头与平面摩擦来去除堵塞物。（　　）

⑨ 在焊接切割车间内必须配有足够的水源、干砂和灭火器材。（　　）

⑩ 修补油槽前，先进行吹扫、置换后，即可施焊。（　　）

课程评估

【任务】仔细观察图1-45～图1-48，讨论图中的焊接作业存在哪些风险？需要采取哪些措施避免事故的发生？

图1-45

图1-46

图1-47

图1-48

要求 在教师指导下，学生分组讨论完成任务。

评估 组与组之间互评，教师总结性评论。

模块十 用电安全

本模块任务

① 认识到与用电有关的风险；
② 掌握工作中安全用电的措施；
③ 认识静电的产生原因及风险；
④ 学会防止静电的措施。

1 为什么学习用电安全

随着电气设备在各行各业的普遍应用，每年会发生很多由于电气设备选用、安装不恰当，使用不合理，维修不及时等原因造成的与带电环境工作有关的事故，甚至危及人身安全，给国家、家庭和个人都带来重大损失。事实上，在化工、冶金、机械、加工等行业中存在大量不安全用电现象，电气事故已成为引起人身伤亡、爆炸、火灾事故的重要原因。因此，电气安全日益得到人们的关注和重视。

除了电气安全之外，生产中的静电及大气中雷电的影响和危害，也随着生产和生活的发展日渐突出，同样需要我们高度的重视，并采取相应的防护措施。

大部分用电安全事故发生的原因是员工工作时不够认真仔细、缺乏必要的电气安全知识或不完全了解与电有关的危险。因此在带电环境下工作时只要掌握电的相关知识，了解与电有关的危险，谨慎对待电，按照完善的电气安全技术标准和规程进行操作，就能够保护劳动者的安全与健康，保护电气设备的正常运行。

段落话题

（1）你认为学习用电安全的知识重要吗？为什么？
（2）找一找你的身边有哪些与用电有关的危险。

2 用电存在哪些风险

电气安全是指电气产品质量，以及安装、使用、维修过程中不发生任何事故，主要包括人身安全与设备安全两个方面。通常人对于能够感知的危险行为都有自我保护意识，如躲避靠近的汽车，远离烧红的金属等。但是在绝大多数情况下，电不是立即作用于人体的感觉器官，因此与其他危险相比，电气事故发生的突然性与难以预知性是最危险的。总结用电过程中存在的风险，主要包括以下几类：触电；火灾和爆炸。

2.1 触电

触电包括电击和电伤以及由触电引发的二次事故

（1）电击和电伤

触电事故是电流直接或间接对人体造成的伤害，主要包括电击和电伤。电击是指电流通过人体，破坏人体心脏、肺及神经系统的正常功能。人体受到电流电击时，会出现痉挛、呼吸窒息、心颤、心跳骤停等症状，严重时会造成死亡。因此，电击事故是最危险的触电事故。电伤是指电流的热效应、化学效用和机械效应对人体造成的局部伤害。如电烧伤、电烙印、皮肤电气金属化、机械损伤等。

触电事故的发生主要受以下因素的影响。

① 电流强度。电流强度的影响最为重要。人体通过的电流强度越大，受到的伤害越大。较强的电流会妨碍人的呼吸，并使心肌收缩，心脏颤动，停止向人体供血，威胁生命。一般情况下，常将人体摆脱电流（人触电后能自行摆脱电极的最大电流）作为人体允许电流。当线路上装有防止短路的速断保护装置时，人体允许电流可按30mA考虑；在容易发生严重二次事故的场合，应按不致引起强烈反应的5mA考虑。当人体接触电流超过50mA时，很短时间内就会使人窒息，心跳停止，危及生命。频率为25～300Hz的交流电流，对人体的伤害最严重。

电阻在触电风险中能起到防护作用。如果操作者处于高温、阴雨或潮湿的环境中，所带的电阻就比较低，容易多发触电事故；而如果采用绝缘防护装备，则可以减少或避免触电事故的发生。

② 通电时间。人体通电时间越长，电击的危险性越大。当通电时间超过0.75ms，就会导致很大危险。

③ 电流途径。电流通过人体的途径不同，其伤害程度也不同。一般认为电流通过心、肺和中枢神经系统的危险性比较大，特别是通过心脏的危险性最大，局部肢体的电流途径危险性较小。

④ 人体阻抗。人体阻抗取决于电流途径、接触电压、通电时间、频率、皮肤潮湿度、接触面积、压力和温度等因素。皮肤的电阻最大并且决定了整个人体的电阻。不同人群对电的敏感程度也不相同。一般来讲，女性对电的敏感程度比男性高，儿童对电的敏感程度较成人高。因此，电击对女性及儿童造成的危害更大。

⑤ 安全电压。我国规定的安全电压为42V、36V、24V、12V、6V五个等级。最常用的安全电压为36V，同时规定，当电气设备的额定电压超过24V的安全电压等级时，应采取防止触电的保护措施。对于比较危险的地方及工作场地狭窄、周围有大面积接地体、湿热场所，如电缆沟、煤矿、和油箱等处，应采用更低的电压才安全，所以12V电压称为绝对安全电压。

（2）触电引发的二次事故

触电容易因操作人员的肌肉剧烈痉挛导致摔伤、坠落等二次事故。与某些带电物体接触不一定很危险，而由此造成的肌肉失控则经常会引起后继事故，其后果可能远比电击本身严重得多。

2.2 火灾和爆炸危险

电气设备、照明设备、手持电动工具等若设计不合理，安装、运行、维修不当，均有可能造成电气火灾和爆炸。化工生产过程中的原料、中间产物、成品以及大量的辅助材料，大多具有高温、多尘、易燃、易爆、易挥发、有毒、有腐蚀性等特点，一旦发生电气火灾和爆炸，可能造成人员的伤亡，设备、设施的损坏和环境污染，产生重大经济损失，其严重后果难以估量。

由于短路产生了大量的热量是导致发生电气火灾的常见原因。因此电气设备通常使用自动熔断装置，一旦出现短路能自动将电路切断，防止电气火灾发生。使用盘绕起来的电缆不利于散热也可能导致火灾。不断开某设备开关会引起电火花引燃爆炸性气体混合物，因此安装在有爆炸危险区域内的开关和照明部件有特殊的要求，而在这些区域内进行电气设备作业则具有更严格的要求。连接或切断电路还会产生电弧，导致金属产生大量的热量甚至蒸发。此外线路老化、过载、接触不良、积尘、受潮、热源接近电器、散热不良等因素，均有可能导致电气线路或者电气设备过热，从而引起火灾。

段落话题

（1）为什么大多数生产车间要求工人穿着棉质工装和塑胶底鞋？

（2）电流通过人体时哪些途径危险性较大，会导致致命伤害？

3 采取哪些安全措施可在带电环境中作业

观察以下行为（见图1-49～图1-54），可以找出造成用电安全事故的常见原因。

图1-49 用湿布擦拭带电设备

图1-50 将三相插头改成两项插头

图1-51 不按规定着装进行电工作业

图1-52 拔出电源插头时用力拉扯电线

图1-53 电气设备老化、短路

图1-54 超负荷用电

由以上观察不难看出，造成用电安全事故的主要原因大多是由于缺乏安全用电知识或不遵守安全技术要求，使用机器或设备不正确，违章作业，电气设备维护不良或存在安全隐患所致。例如许多人把插头从插座上拔出时会用手拉扯电线，这样可能造成电线裂开，金属线裸露。使用的工具或电缆出现破损必须予以更换，以免发生短路、被电击或烧伤、或者材料熔化的危险。有调查发现，发生触电事故时工人们往往是在仍然带电的设备上作业。因此，为了避免这种情况的发生，应注意关闭部分或全部设备，并加强联系，预防事故的发生。

总结事故的经验和教训，避免电气安全事故的发生首先应该从源头上加以控制，加强电气设备的维修、维护和检测工作，发现不安全因素及时消除，保证电气设备安全、良好的运行；其次企业应建立健全电气安全制度，对操作人员进行相关的培训和指导，严格遵守电气作业操作规程，降低事故发生的风险。主要采取以下措施：

确保电气设备的安全可靠；在断电情况下进行电气、电器设备的检修；使用安全电压；对带电部件绝缘；金属部件的接地与接零；使用漏电保护装置；带电设备采用屏护装置并悬挂警示牌、上锁；避免潮湿环境带电作业或设备中进入水分；保证线路、设备之间的安全间距；防止电流量过载；正确使用安全防护用具（包括绝缘、登高作业、检测仪器、接地线、遮拦和标志牌等）；定期检查电动工具和设备。

段落话题

使用手持电动工具要注意哪些安全事项？

4 什么是静电

你在生活中遇到过这些现象吗？在干燥的环境中用手触摸金属物体，会有被电击的感觉；把气球在衣服上摩擦后可以吸在衣服上；用塑料梳子梳理干燥的头发会使头发飞起来……出现这些现象都是由于同样的原因——静电。

生产过程中很多操作也会产生静电，如图1-55～图1-57所示。

图1-55 在绝缘地板上行走

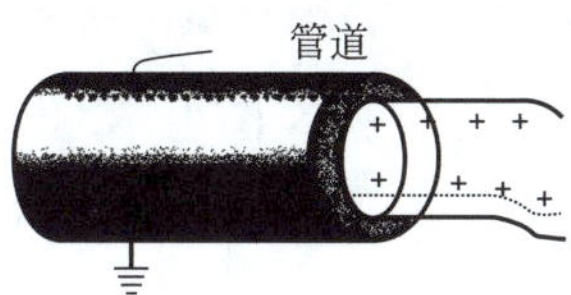

图1-56 液体流动

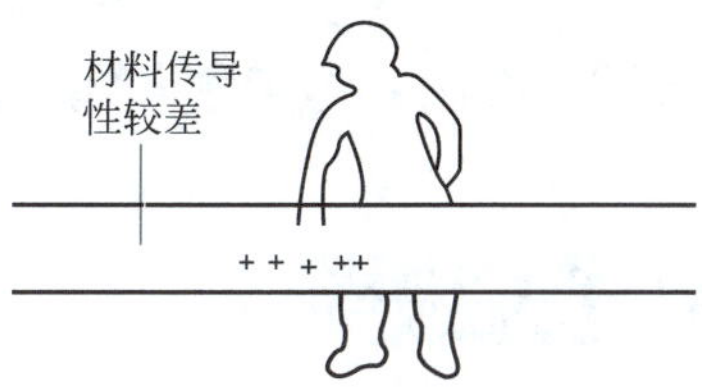

图1-57 擦拭表面

生产过程中物料的粉碎、筛分、挤压、切割、搅拌、过滤、喷涂、流体流动等作业都会产生静电，常见于以下情况：① 物料在管道中流动（如面粉、粮食的输送过程）；② 固体粉碎过程（如面粉加工过程）；③ 固体颗粒与液体或者两种不混溶的液体混合（如物料搅拌）；④ 气液混合物（如湿蒸汽）或气固混合物（如气力输送机内部）流动；

⑤ 摩擦或移动传导性较差的表面（如输送带）；⑥ 粉尘过滤过程（如滤尘器）。

静电的产生取决于加工类型，加工条件以及加工物质的特性等，主要受以下因素影响：材料传导性较差（如塑料）；流速较高；湿度较低；液体或气体受污染（如进入水分）。

5 静电有哪些危害，如何防止静电产生

由于静电电压很高，又易发生静电火花，在高压气体的喷泻、液体摩擦搅拌、液体或粉体物料输送、油罐车装油，用汽油擦洗时，均有可能因产生静电而导致火灾、爆炸事故的发生。另外，人体带电同样可以引起火灾爆炸事故。

生产中，经常与移动的带电材料接触者，会在体表产生静电积累。当其与接地设备接触时，会产生静电放电，使人体受电击，虽不能直接置人于伤亡，但是会造成工作人员的精神紧张或肌肉失控，并可能因此产生坠落、摔倒等二次事故，其产生的连带后果不可预知。

此外，静电会妨碍生产工艺过程的正常运行，降低操作速度，降低设备的生产效率，干扰自控设备和无线电设备的电子仪器的正常工作，影响产品质量。如在人造纤维工业中，使纤维缠结；在印刷行业中，使纸张不易整齐等。

如何能够避免静电危害呢？最为有效的措施是防止电荷累积，控制并减少静电的产生，设法导走、消散静电，封闭静电、防止静电发生放电。主要采取如下措施。

① 工艺控制法即从工艺上，从材料选择、设备结构等方面采取措施，从源头控制静电的产生。

② 泄漏导走法采用静电接地、空气增湿、加抗静电添加剂等方法，将带电体上的电荷向大地泄漏消散。

③ 中和电荷法采用静电消除器、不同物质产生正、负电荷中和消电或增加湿度消电等。

④ 静电屏蔽法用接地的金属栅（网）或导电线圈把静电累积区域隔开。

⑤ 人体接地措施操作人员应穿防静电的工作服、手套、帽子和防静电鞋。

段落话题

（1）机器的金属外罩和塑料外罩哪一个更容易吸灰变脏？为什么？

（2）说说生活中哪些情况会产生静电。可以采用哪些方法防止这些现象？

课程总结

（1）生产生活中离不开电，用电可能存在以下风险：

- 触电
- 火灾和爆炸

（2）安全用电可采取的主要措施包括：

- 确保电气设备的安全可靠

- 进行断电检修
- 使用安全电压
- 对带电部件绝缘
- 金属部件的接地与接零
- 使用漏电保护装置
- 带电设备采用屏护装置并悬挂警示牌、上锁
- 避免潮湿环境带电作业或设备中进入水分
- 保证线路、设备之间的安全间距
- 防止电流量过载
- 正确使用安全防护用具
- 定期检查电动工具和设备

（3）静电是电荷（正电荷或负电荷）在物体表面上的累积。静电具有以下几种危险：

- 静电火花能引起火灾或爆炸
- 静电放电导致肌肉失控
- 影响正常生产

（4）以下情况易产生静电：

- 物料输送过程
- 固体粉碎过程
- 物料搅拌过程
- 流体流动过程
- 表面摩擦过程
- 粉尘过滤过程

（5）常用消除消静电的方法包括：

- 工艺控制法
- 泄漏导走法
- 中和电荷法
- 静电屏蔽法
- 人体接地法

自我测试

（1）选择题

① 使用以下电源进行操作，（　　）发生触电事故的危险性最小。

a.220V 直流电　　　　b.220V 交流电

c.120V 交流电　　　　d. 设备接地连接

②（　　）不宜使用36V的便携式电灯。

a. 户外　　b. 生产车间

c. 具有爆炸危险的场所　　d. 通风不良的场所

③ 触电身亡现象是指电流通过人体而造成的致命性电击后果。其中最主要的影响因素是（　　）。

a. 区域内的湿度　　b. 电流强度

c. 电流通过人体的时间　　d. 电流的类型

④ 下列选项中，会增加触电风险的是（　　）。

项目	电流（I）	电阻（R）
a.	高	高
b.	高	低
c.	低	低
d.	低	高

⑤ 如果工作场所潮湿，为避免触电，使用手持电动工具的人应（　　）。

a. 站在铁板上操作　　b. 站在绝缘胶版上操作

c. 穿防静电鞋操作　　d. 使用直流电操作

⑥ 停电检修时，在一经合闸即可送电到工作地点的开关或刀闸的操作把手上，应悬挂（　　）标示牌。

a. “在此工作”　　b. “止步，高压危险”

c. “禁止合闸，有人工作”　　d. “小心触电”

⑦ 把塑料梳子在一块干布上摩擦一会儿后梳子能吸起纸屑。这种现象被称为（　　）。

a. 附着　　b. 磁力现象

c. 电流　　d. 静电

⑧ 收集工厂的液体样本时，使用（　　）可以防止产生静电。

a. 铁桶　　b 塑料桶

c. 搪瓷桶　　d. 带有塑料涂层的铁桶

⑨ 下列选项中，可以更好的预防静电累积的是（　　）。

项目	液体流速	空气湿度
a.	高	高
b.	高	低
c.	低	低
d.	低	高

⑩ 易燃易爆品运输车后面总拖着一根落地的铁链以防止静电，其原理是（　　）。

a. 工艺控制法　　b. 泄漏导走法

c. 中和电荷法　　d. 静电屏蔽法

（2）判断以下哪些情况是安全的

① 在50V交流电下工作的手持式工具可以用于任何场合。（　　）

② 电路短路后，用一段较粗的保险丝更换原来的保险丝。（　　）

③ 电工在工作中使用两相插头作为手持电钻的工作电源。（　　）

④ 使用220V交流电的手持工具时用双层绝缘材料将带电体封闭。（　　）

⑤ 电缆、电线、插座的受损部分使用胶带缠上即可使用。（　　）

⑥ 在潮湿区域内使用36V交流电作业时可不用戴绝缘手套。（　　）

⑦ 不得用两相电源插头代替三相电源插头进行工作。（　　）

⑧ 在高压区域的显眼处张贴“高压危险”标识。（　　）

课程评估

【任务1】仔细观察图1-58～图1-63，回答以下问题：

（1）哪些属于良好的操作，其中采用了哪些措施防止用电事故的发生？

（2）哪些属于不好的操作，其中存在哪些可能导致事故发生的风险？

（3）分析产生事故风险的主要原因并给出常用的安全用电防护措施。

要求　在教师指导下，学生分组讨论完成任务。

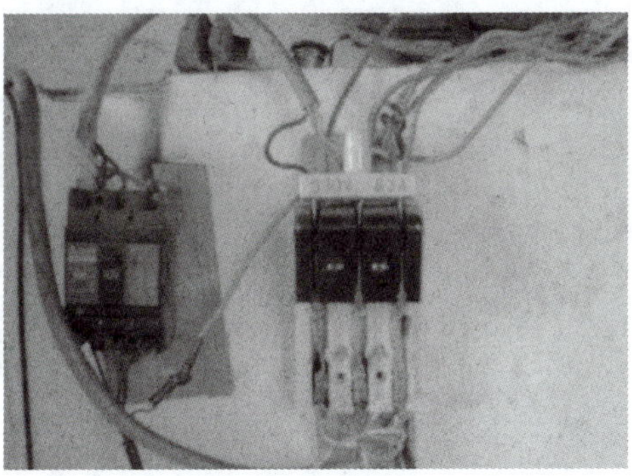

图1-58

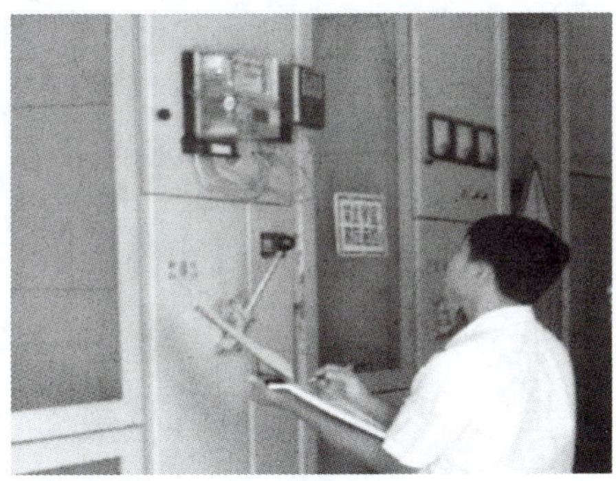

图1-59

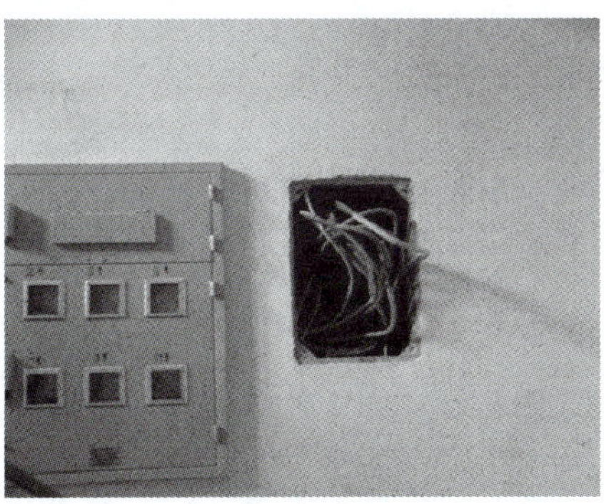

图1-60

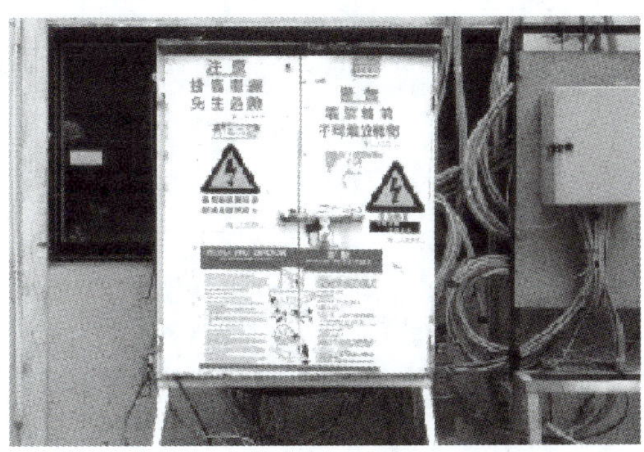

图1-61

图1-62

图1-63

【任务2】评估你的生活或工作、学习环境（如居室、教室、实验室、实训室、车间等）是否存在用电安全隐患。调查：

（1）有哪些电气设备、设施，采用何种电源？

（2）存在哪些安全隐患？是否发生过电气安全事故？

（3）采用了哪些保护措施防止事故发生？

（4）有哪些需要完善或改进的地方？给出改进的方案或措施。

要求　在教师指导下，学生分组调查完成任务。

模块十一
爆炸

本模块任务

① 认识化学爆炸和物理爆炸的区别；
② 认识爆燃型空气是如何形成的；
③ 掌握能降低气爆和尘暴危险的预防措施。

1 为什么会发生爆炸

在化工生产中，许多企业都会使用易燃性液体和气体。这些物质一旦和氧气接触就会发生火灾或爆炸。爆炸会造成企业员工受伤，并使设备和建筑物受到巨大损坏。因此，有必要了解爆炸所带来的危害性。

2 什么是爆炸

广义地讲，爆炸是物质系统的一种极为迅速的物理或化学能量的释放或转化过程，是系统蕴藏的或瞬间形成的大量能量在有限的体积和极短的时间内，骤然释放或转化的现象。在这种释放和转化的过程中，系统的能量将转化为机械功以及光和热的辐射等。爆炸可分为两类：物理爆炸和化学爆炸。化学爆炸会使物质的组成发生变化，而物理爆炸却不会改变物质的组成。

2.1 什么是物理爆炸

物理爆炸指当容器中的压力上升至使容器破裂的程度。汽缸非常容易发生物理爆炸。由于加入过多的汽油，或者因外部要素造成汽缸温度升高可以使汽缸内的压力上升。当汽缸无法承受内部压力时就会破裂，或者换言之，就会爆炸。

2.2 什么是化学爆炸

绝大多数爆炸都属于化学爆炸。化学爆炸是迅速的化学反应，通常会释放大量的热。温度急速上升，形成大量气体造成压力升高。

段落话题

汽缸为什么要室外存放，加盖保护屏障?

3 爆炸极限及其影响因素

3.1 爆炸极限

爆炸极限是表征可燃气体、蒸气和可燃粉尘危险性的主要指标之一。指可燃性气体、蒸气或可燃粉尘与空气（或氧气）在一定浓度范围内均匀混合，遇到火源发生爆炸的浓度范围，包括爆炸下限和爆炸上限。

3.2 影响爆炸极限的因素

（1）温度

初始温度越高，爆炸极限范围越宽，爆炸下限越低，上限越高。压力为0.1～2.0MPa，对下限影响不大，对上限影响较大。压力大于20MPa，下限变小，上限变大，爆炸范围扩大。

（2）惰性介质

随着惰性气体含量增加，爆炸极限范围缩小增加到一定值时，上下限趋于一致，不发生爆炸。

（3）爆炸容器

传热性好，管径细，爆炸极限范围变小。

（4）点火源

加热面积越大，作用时间越长，爆炸极限范围越大。

4 爆炸会有什么危险性

4.1 冲击波

冲击波会破坏建筑、机器和仓库，还会造成严重人员伤亡。

4.2 飞散的碎片

爆炸发生时，在周围会产生许多四散的碎片。这是因为爆炸区域的压力会急速上升。碎片或碎屑弹射速度相当快，破坏力非常大。

4.3 火灾

爆炸常常会引起火灾。爆炸以辐射的形式释放大量热，热辐射依次造成破坏、火灾和后续爆炸。

4.4 有毒物质

爆炸排放出有毒物质，造成的后果取决于爆炸中释放物质的量和毒性。燃烧含氮的有机物质可以产生高毒性的氰化氢。其他物质常常释放出氯气、盐酸、碳酰氯、一氧化氮和二氧化硫等。

5 爆燃型空气是如何形成的

5.1 与爆炸有关的三要素

① 充足的可燃性物质（燃料）。这表明爆炸需要燃料的存在。

② 充足的氧气。一般空气中的氧气含量足够形成爆炸混合物。

③ 温度足够高。足够的高温是爆炸的必要条件。火源可以释放足够的能量来引爆爆炸混合物。有时候只需要一点火花并可引发爆炸。

5.2 最常见的火源

最常见的火源：明火、表面过热、物质的分解过程、机械火花或电火花。

（1）明火

明火的温度很高。它的温度总是高于物质起火温度。产生明火的例子有：吸烟，加热器，使用气割机和气焊机。

（2）表面过热

表面过热指表面温度高于物质起火的温度。例如，焊接时加热的部件，蒸汽管道和灯泡。

（3）分解过程

分解过程可发生在粉粒等固体储存物中。分解过程会产生热，有些形式被称为“自然发酵”。当分解过程继续进行而没有及时排除聚集的热量，温度就会开始上升。温度只有在长时间后才会减慢上升的速度，但最终温度会迅速升高至引起火灾。例如，煤炭或农产品如干草、面粉和谷物的自然发酵，甚至低温炼焦的产品也包含足以引爆爆炸混合物的能量。

（4）火花

火花可由多种途径生成，如短路或劣质接点。火花分为机械火花和电火花。机械火花是在研磨、运输碰撞以及硬物体表面摩擦产生的。电火花由静电和闪电等引起，也可由条件良好的电器设备如电钻、电器开关引起。由电器设备问题而引起的火花如短路是最危险的。

段落话题

举出四种能产生火花的设备。

6 什么是气爆和尘暴

6.1 气爆

进入空气的易燃性气体，依密度不同或浮于空气上方，或下方，或与空气混在一起。三种情况都有可能发展成气体爆炸范围内的浓度。

（1）分解爆炸性气体爆炸

某些气体如乙炔、乙烯、环氧乙烷等，即使在没有氧气的条件下，也能被点燃爆炸，其实质是一种分解爆炸。乙炔是常见的分解爆炸气体，因火焰、火花引起的分解爆炸情况较多，也有因开关阀门所伴随的绝热压缩产生热量或其他情况下着火爆炸的案例。当乙炔压力较高时，应加入氮气等惰性气体加以稀释。此外，乙炔易与铜、银、汞等重金属反应生成爆炸性的乙炔盐，这些乙炔盐只需轻微的撞击便能发生爆炸而使乙炔着火。

分解爆炸的敏感性与压力有关，分解爆炸所需的能量，随压力升高而降低。在高压下较小的点火能量就能引起分解爆炸，而在压力较低时则需要较高的点火能量才能引起分解爆炸，当压力低于某值时，就不再产生分解爆炸，此压力值称为分解爆炸的极限压力（临界压力）。乙烯分解爆炸所需的发火能比乙炔的要大，所以低压下未曾发生过事故，但用高压法工艺制造聚乙烯时，由于压力高达200MPa以上，分解爆炸事故却屡有发生。环氧乙烷分解爆炸的临界压力为40kPa。所以对环氧乙烷的生产与储运都要严加小心。

（2）可燃性混合气体爆炸

一般来说，可燃性混合气体与爆炸性混合气体难以严格区分。由于条件不同，有时发生燃烧，有时发生爆炸，在一定条件下两者也可能转化。

6.2 尘暴

粉尘由许多微小的固体粒子组成。这些粒子只有形成涡流，并与空气接触才能引燃。爆炸性粉尘有谷物尘、奶粉、颜料和塑料。尘暴一旦开始，将持续爆炸，直至将所有粉尘炸尽。细小粒子的尘暴尤为剧烈。细尘的爆炸上、下限浓度差非常之大。附带大量易燃性粉尘的员工进入建筑物时，应提防爆燃性气体的形成。一旦所有被粉尘吹起，就会造成爆炸危险。经验证明，当工作场所地面能看见脚印时，已经存在粉尘爆炸的危险。如图1-64所示为工作现场积聚的粉尘。

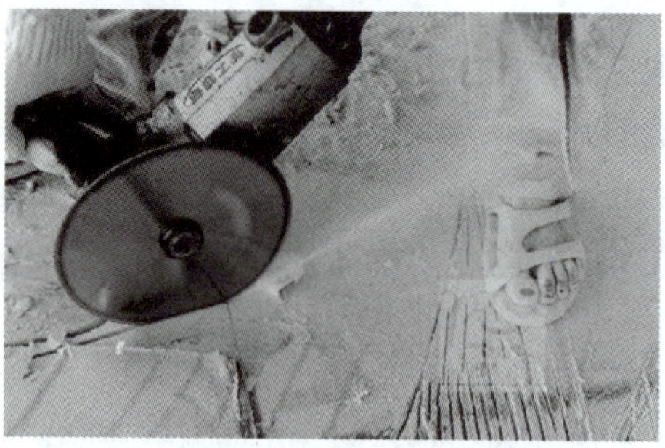

图1-64 工作现场积聚的粉尘

（1）具有粉尘爆炸危险性的物质

具有粉尘爆炸危险性的物质较多，常见的有金属粉尘（如镁粉、铝粉等）、煤粉、粮食粉尘、饲料粉尘、棉麻粉尘、烟草粉尘、纸粉、木粉、火炸药粉尘及大多数含有C、H元素，与空气中氧反应能放热的有机合成材料粉尘等。

（2）粉尘爆炸特点

① 粉尘爆炸速度或爆炸压力上升速度比爆炸气体小，但燃烧时间长，产生的能量大，破坏程度大。

② 粉尘爆炸感应期比气体长得多。

③ 有产生二次爆炸的可能性。粉尘有不完全燃烧现象，在燃烧后的气体中含有大量的CO及粉尘（如塑料粉）自身分解的有毒气体，会伴随中毒死亡的事故。

6.3 气爆和尘暴的区别有哪些

气爆和尘暴有两个不同点：第一个重要的区别是与空气中气体和灰尘混合的方式有关。空气中气体很容易混合在一起；而爆炸性灰尘空气的形成只有在空中灰尘剧烈搅旋、混合非常集中时才会发生。第二个区别是进入空气的气体会迅速稀释消散，如果没有更多气体进入，则爆炸危险会迅速消失，但这并不适用于封闭空间；而灰尘在其释放点附近不易消散，灰尘会浮在不同表面上，气流会将这些灰尘吹附到不同的地方，如果不及时清理这些灰尘，风随时可以令其再次搅旋于空中——造成远离气体释放点的区域存在尘爆危险，只有清除灰尘才能排除爆炸的危险。

当灰尘附于许多地方时会使这些地方都发生爆炸。第一次爆炸会牵动第二次，第二次会牵动第三次，依此类推。第二次和之后所有的爆炸被称为二次尘爆。

6.4 降低气爆和尘暴的措施

防爆的基本原则是根据对爆炸过程特点的分析采取相应的措施，防止第一过程的出现，控制第二过程的发展，削弱第三过程的危害。主要应采取以下措施。

① 防止爆炸性混合物的形成。

② 严格控制火源。

③ 及时泄出爆炸开始时的压力。

④ 切断爆炸传播途径。

⑤ 减弱爆炸压力和冲击波对人员、设备和建筑的损坏。

⑥ 检测报警。

⑦ 惰性气体保护：如氮气、二氧化碳、水蒸气、烟道气等。

⑧ 系统密闭和正压操作：新设备验收、修理后及使用过程中根据压力计读数用水压试验检查密闭性；设备内部充满易爆物时采用正压操作；爆炸危险度大的可燃气体及危险设备和系统连接处尽量采用焊接接头。

⑨ 厂房通风：考虑气体的相对密度、鼓风机避免产生火花及通风管内设防火遮板。

⑩ 以不燃溶剂代替可燃溶剂，如甲烷和乙烷的衍生物；针对其毒性和分解放出光气的特性采取措施。

危险物品的储存方法如下。

① 爆炸物品不准与任何其他类的物品共储。

② 易燃液体不准与其他种类物品共同储存。

③ 易燃气体除惰性气体外，不准和气体种类的物品共储。

④ 惰性气体除易燃、助燃气体、氧化剂和有毒物品外不准和其他种类物品共储。

⑤ 助燃气体除惰性气体和有毒物品外不准和其他物品共储。

防止容器或室内爆炸的安全措施：抗爆容器、爆炸卸压及房间泄压。

爆炸控制：由能检测初始爆炸的传感器和压力式的灭火剂罐组成。

段落话题

据中国之声《新闻纵横》报道，2015年6月27日晚间，台湾新北市八仙水上乐园举办“彩虹派对”，其间发生粉尘爆炸事故，造成大批游客灼伤。受伤人数共计498人。其中重伤202人，遇难8人。

根据初步分析判定，主办单位为了舞台效果，工作人员使用二氧化碳钢瓶。把粉末(指彩色粉雾)射向民众区，也就是靠近舞台西侧。粉尘遭遇热源引发爆炸，从现场遗留的10多个打火机分析，几乎可以断定“抽烟点火就是元凶”。

粉尘爆炸为何如此恐怖？可以从物体的表面积入手，深度解析表面效应。

一个边长为1cm的方糖（或者冰糖），它前后左右上下共有6个面（见图1-65），其表面积为6cm²。

假如把这个方糖一刀分成两半，显然，现在又比原来多出了两个面，也就是表面积增加了2cm²（见图1-66）。

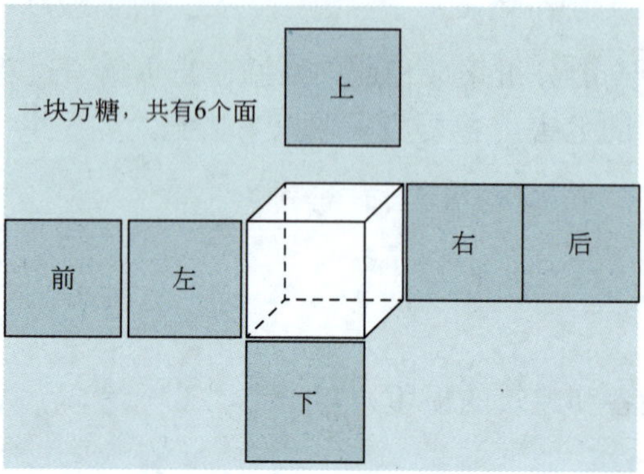

图1-65　方糖6个面

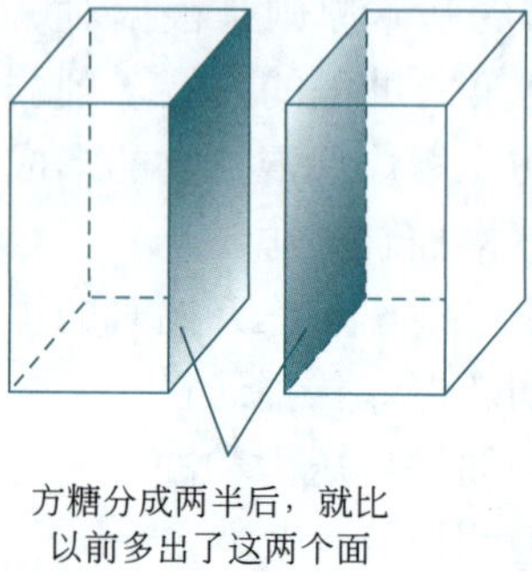

图1-66　方糖分成两半后表面积

假如不停地往下切分，肯定就会分割出很多表面。增加的面多了，就说明表面积增大了。为了更好地说明问题，以纳米尺度为例，把刚才那块方糖切分成无数个边长只有1nm的小立方体，那么，表面积将从原来的6cm²变成6000m²，面积竟然增加了一千万倍！表面积增大，意味着方糖与外界（比如空气、水等）的接触面积增大了。所以，一块方糖放到一杯水里面后，不会立即从水中喝出甜味来，因为方糖跟水的接触面积很小，需要很长时间才能溶化。但是，假如你把刚才那块方糖研磨成粉末，甜味立即就出来了。

同理，如果把这堆面粉鼓吹起来，使他们大量地漂浮在屋子里面，这时面粉与空气中氧气的接触面积就大大增加了，只要一点儿火花，空气中的面粉就会极为迅速地燃烧，从而发生爆炸。

综上所述，物体的表面积如果大大增加后，就会带来很多神奇的效应，这就是表面效应。关于表面效应，我们还可以再举一些例子。例如，铁块很难点燃，但把铁块变成纳米尺度下的铁粉后，铁粉不用点，因为它会自燃。

除了铁，纳米级的铝粉也是这样的，纳米铝粉燃烧速率极快，放热量也非常大。所以，它常常被添加在火箭燃料里面。俗话说“真金不怕火炼”，黄金要到1064℃高温时才会熔化，但是，当黄金被制成2nm的金粉时，熔点却只有327℃，基本上，你点一根火柴就能把纳米黄金给熔化了。

这里列举了几个例子，虽然稍显过多，但初衷还是想强调对粉尘爆炸的认识。因为面粉、棉絮及其他粉尘，每个人的家里都可能会遇到。可以说，受伤的这498位台湾同胞，如果要事发前问他们，粉尘会爆炸吗？至少95%的人都会说：会！

但这有什么用呢，还是没能避免悲剧的发生，根本原因是，很多人还没有从内心认识到粉尘爆炸的危害程度。

彩色粉尘的瞬间爆炸效果如图1-66所示。

(a)

(b)

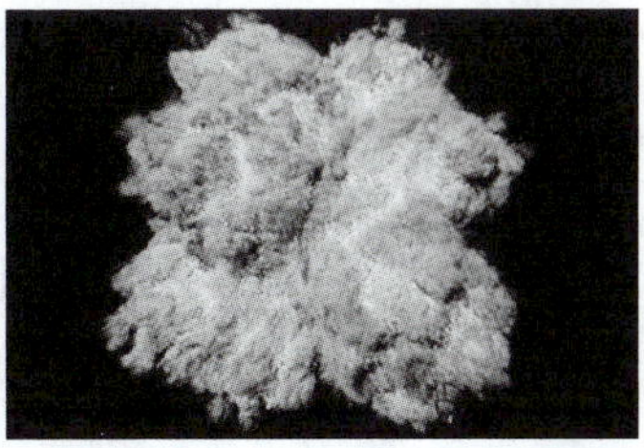

(c)

图1-66 彩色粉尘的瞬间爆炸效果

课程总结

（1）爆炸可以分为两类：物理爆炸和化学爆炸。化学爆炸会使物质的组成发生变化，而物理爆炸却不会改变物质的组成。

（2）只有同时满足以下三个条件才会引发爆炸：

- 充足的易燃性物质（燃料）
- 充足的氧气
- 温度足够高

（3）最常见的火源：

- 明火，如气焊时产生的火
- 表面过热，如锅炉壁
- 物质分解过程
- 机械火花或电火花

（4）重要预防措施有：

- 保持设备装置情况良好
- 用惰性化方法降低氧气浓度
- 避免火源

（5）重要压制手段有：

- 使用防火结构
- 制定事故计划书
- 使用灭火器

自我测试

选择题

① 下列关于爆炸的表述哪一项是正确的？（　　）

a. 爆炸的蔓延速度比爆炸燃烧慢　　b. 爆炸总是燃烧反应

c. 爆裂属于物理爆炸　　d. 爆炸是大量能量突然迅速的释放

② 混合物的可燃性和爆炸性是根据物质的爆炸上限和下限而决定。混合物在什么情况下会发生爆炸？（ ）

a. 当混合物高于爆炸上限　　b. 当混合物高于爆炸下限

c. 当混合物在爆炸上、下限之间　　d. 当混合物在爆炸范围以外

③ 下列哪些与气爆风险相关的措施是预防措施？（ ）

a. 使用防压结构　　b. 使用防爆门

c. 禁止吸烟　　d. 保持道路和紧急出口畅通无阻

④ 关于预防爆炸的哪些表述是正确的？（ ）

a. 气体惰性化可以预防爆炸　　b. 使用性能更好的设备可以预防爆炸

c. 压制手段一定能预防爆炸　　d. 预防措施一定能预防爆炸

⑤ 隔离电器设备是哪一种措施？（ ）

a. 压制手段　　b. 管理措施

c. 医疗措施　　d. 技术手段

⑥ 有尘暴危险时，设备必须满足什么条件？（ ）

a. 设备必须非常坚固　　b. 设备必须尽可能小

c. 设备必须紧密放在一起　　d. 设备上的灰尘必须弄湿

课程评估

任务　学生分组查找气爆与尘暴的事故案例，并进行事故分析，讨论制定事故发生后的工作场所整改方案。

第二篇

环境

模块一 环境与环境问题

本模块任务

① 了解与环境有关的一些概念；
② 认识人类活动对环境的影响和中国的环境问题；
③ 认识污染物、污染源，环境容量和污染控制途径；
④ 认识环境污染对生态平衡影响；
⑤ 学会善待环境。

1 什么是自然环境

1.1 自然环境概述

自然环境是人们周围各种自然因素的总和，如植物、动物、大气、水、土壤、岩石矿物、太阳辐射等。这些因素通常被划分为生物圈、大气圈、水圈、土壤圈、岩石圈等五个自然圈。自然环境不等于自然界，只是自然界中与人类有密切关系的那一部分。

自然环境包括生态环境、生物环境和地下资源环境。

1.2 人类生存环境

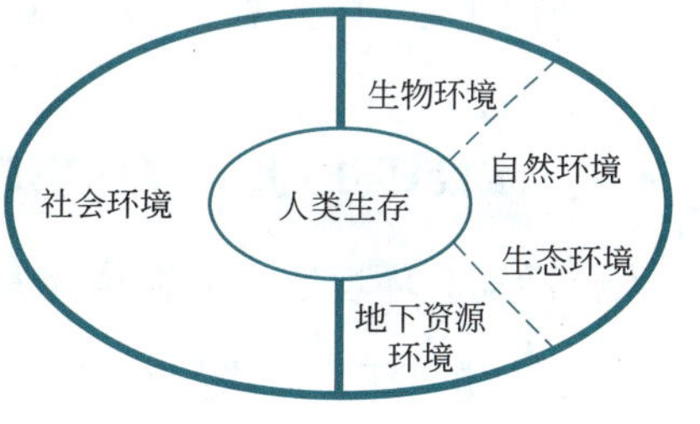

图2-1 人类生存环境图

人类是自然的产物、也是自然的一部分，人类生存依赖两个环境，一是自然环境，二是社会环境，见图2-1。自然环境是人类赖以生存的物质基础。其中生态环境为人类提供生活空间、大气、水和其他无机物及生物多样性等；生物环境为人类提供食品等；地下资源环境为人类提供矿物和能源等。

1.3 生态环境与生态系统

（1）生态环境

生态环境是指由生物群落及非生物自然因素组成的各种生态系统所构成的整体，主要或完全由自然因素形成，并间接地、潜在地、长远地对人类的生存和发展产生影响。而各个生态系统，如森林生态系统、农业生态系统，仅仅是生态环境的部分。

（2）生态系统

生态系统是由非生物环境、生产者、消费者和分解者等四个部分组成的一条食物链，其中包括能量流动和多种物质的循环。

① 非生物环境包括：气候因子，如光、温度、湿度、风、雨雪等；无机物质，如水、二氧化碳、氧、氮、磷、及各种无机盐等；有机物质，如蛋白质、糖类化合物、脂类和腐殖质等。

② 生产者主要指绿色植物，也包括蓝绿藻等，是能利用光合作用将简单的无机物质制造出食物的自养生物，在生态系统中起主导作用。

③ 消费者指以其他生物为食的各种动物，属异养生物。

④ 分解者主要指细菌和真菌，也包括某些原生动物、蚯蚓、白蚁以及秃鹫等，它们能将死尸、粪便、残枝烂叶等有机物分解为简单的无机物，属异养生物。

例如，森林生态系统中，存在“树叶——虫——鸟——粪便——细菌——无机物——树”这样一条食物链。人们利用生物种群之间的关系，对生物种群进行人为调节，可以增加有害生物的天敌种群，可以减轻有害生物的危害。在农业生态系统中，人们通过放养赤眼蜂，可防治稻纵卷叶螟，减少农药使用和污染。

（3）生态失调

生态系统一旦受到自然和人为因素的干扰，超过自我调节能力而不能恢复到原来比较稳定的状态时，生态系统的结构和功能会遭到破坏，物质和能量的输出、输入不能平衡，造成系统成分缺损（如生物多样性减少等）、结构变化（如动物种群的突增或突减、食物链的改变等）、能量流动受阻和物质循环中断，一般称为生态失调。严重的生态失调就是生态灾难。

段落话题

举例说明人类生存与生态环境之间的关联作用。

2 人类活动对环境造成哪些影响

人类活动对环境造成的影响分为正面和负面。就目前看，负面影响远超过正面影响。

2.1 人类活动对环境造成负面影响

人类活动对环境造成的负面影响主要表现：资源出现短缺，环境受到污染，生态遭到破坏。

（1）资源出现短缺

人口膨胀造成水资源短缺、人均耕地面积减少；由于过度开采和消费，耗竭性资源，如石油、煤、矿产等资源，越来越少，有些已面临枯竭。

（2）环境受到污染

水土污染的加剧，空气质量下降；突发性的严重污染事件时有发生。

（3）生态遭到破坏

人类活动使森林和草原植被的退化或消亡、生物多样性的减退、水土流失及污染的加剧、大气的温室效应突显及臭氧层的破坏等。目前，人类活动已给地球上60%的草地、森林、农耕地、河流和湖泊带来了消极影响。例如：湿地被称为地球的“肾”，本应该严格保护，但由于人口增加、为了粮食的需要，国内有相当数量的湿地已经开垦为耕地，这必然引起生态方面的负面影响。

2.2 人类活动对环境造成正面影响

例如，我国从20世纪70年代开始的“三北”防护林建设以及在全国范围的人工造林，已初见成效。到2003年年底，全国人工林保存面积0.53亿公顷，蓄积量15.05亿立方米，人工林面积居世界首位。人工造林、特别是防护林的建设，在一定程度阻止了沙漠化的蔓延，改善了气候。

段落话题

举例说明你所看到的环境污染。

3 怎样理解环境问题

3.1 环境问题概述

（1）含义

环境问题是指由于人类活动作用于自然环境所引起的环境质量变化，以及这种变化对人类的生产、生活和健康造成的影响。自然环境本来是以其固有的自然规律变化着，但一旦人类作用于自然环境的活动违背了自然规律，就会产生环境问题。例如，森林砍伐过度可能导致气候异常、水土流失、泥石流等严重的生态问题。

（2）分类

环境问题多种多样，归纳起来有两大类：一类是自然演变和自然灾害引起的原生环境问题，也叫第一环境问题。如地震、洪涝、干旱、台风、崩塌、滑坡、泥石流等；另一类是人类活动引起的次生环境问题，也叫第二环境问题。次生环境问题一般又分为环境污染和生态破坏两大类。例如，乱砍滥伐所引起的森林植被的破坏、过度放牧引起的草原退化、大面积开垦草原引起的沙漠化和土地沙化、工业生产造成大气、水土环境恶化等都属于次生环境问题。

3.2 我国的环境问题

我国环境污染和生态破坏已超过一些西方发达国家，环境问题非常突出。

（1）环境污染方面

我国的环境污染已在很多地方影响人们生活，造成损失巨大。据权威机构估计，每年由环境污染造成的经济损失在1000亿元以上。

例如，20世纪90年代，淮河沿岸曾经有大大小小的造纸厂、化工厂几千家，很多厂没有废水处理设备，废水直接排入水体汇入淮河，造成淮河污染，严重影响两岸人民的生活。虽然国家早在1994年5月24日就正式宣布治理，但目前淮河很多地段污染依然严重，见图2-2。

例如，2007年太湖蓝藻暴发，引起无锡市自来水污染，见图2-3。在蓝藻暴发时，因自来水带有臭味而不能饮用。市民饮用、做饭只得依赖纯净水。又如，广东海域近些年出现过赤潮，见图2-4。

图2-2 淮河某地段污染情况

图2-3 太湖蓝藻暴发场景

图2-4 赤潮暴发场景

（2）生态破坏方面

我国生态遭到破坏、总体生态环境仍在恶化。

① 截止到2003年年底（全国第六次森林资源清查结果），全国森林面积只有17.5亿公顷，森林覆盖率仅为18.21%，仅相当于世界平均水平的61.52%。而科学研究证明，一个国家森林覆盖率达到30%以上，而且均匀分布，才能较好地从气候条件等方面保障工农业生产和人民生活安全。

② 全国荒漠化土地占国土面积的1/3以上，荒漠化区域仍在扩大，全国约有1.7亿人口受到荒漠化危害。黄土高原的水土流失，黄淮海平原的盐碱化，大范围的水资源短缺、水土及空气污染，断流、干枯河流增多，沙尘暴越来越频繁等，已不同程度影响我国人民的生活和生存，制约着国民经济的进一步发展。

3.3 正确对待环境问题

（1）环境问题的实质

环境问题的实质是在人类的经济活动中，索取资源的速度超过了资源本身及其替代品的再生速度、向环境排放废弃物的数量超过环境的自净能力。人们必须了解：环境的容量是有限的；自然资源的补给和再生、增殖是需要时间的，一旦超限则难以恢复。

（2）处理好发展与环境的关系

人类必须善待自然，对自己的发展和活动应有所控制，做到人和自然的和谐发展。人类需要发展，也要保护环境，保护环境与人类发展必须同步进行。走可持续发展道路，实现经济的可持续发展，实现资源与生态的可持续发展，实现社会的可持续发展。这样，环境问题才能逐步解决。

段落话题

怎样理解我国的环境问题？

4 什么是环境容量

4.1 污染源、污染物

（1）污染物

污染物是指进入环境后能够直接或者间接危害生态平衡和人类生活的物质。

① 第一类污染物（在车间排放口采样的水体污染物）有总汞、烷基汞、总镉、总铬、六价铬、总砷、总铅、总镍、苯并[*a*]芘、总铍、总银等。

② 第二类污染物（在单位排放口采样的水体污染物）中有BOD（生化需氧量）、COD（化学需氧量）、石油类、动植物油、挥发酚、总氰化合物、硫化物、氨氮、氟化物、磷酸盐、甲醛、苯胺类、硝基苯类、阴离子表面活性剂、总铜、总锌、总锰、元素磷、有机磷农药、乐果、对硫磷、甲基对硫磷、马拉硫磷、五氯酚及五氯酚钠、三氯甲烷、四氯化碳、三氯乙烯、四氯乙烯、苯、甲苯、乙苯、氯苯、苯酚、邻苯二甲酸二丁酯、丙烯腈等。

③ 大气污染物主要有颗粒性物质及无机气体。无机气体常见五类：以SO_2为主的含硫化合物，以NO、NO_2为主的含氮化合物，碳氧化物，烃类化合物及卤素化合物等。

（2）污染源

污染源是指造成环境污染的污染物发生源，通常指向环境排放有害物质或对环境产生有害影响的场所、设备、装置。多数化工厂存在污染源，污水排放见图2-5；废气排放见图2-6。

图2-5 废水排放口

图2-6 工厂废气排放

① 人体属于污染源，家庭属于污染源，因排放生活废水，使污染控制中的BOD等指标提高。

② 一套化工装置属于一个污染源，因为排出化工废水，会使污染控制中的COD等

指标提高。

（3）环境污染种类

从范围大小看，有点源污染、面源污染、区域污染、全球污染等。从客体看，有大气污染、水体污染、土壤污染、食品污染等。

4.2 环境容量概念

环境容量是指在人类生存和自然生态不致受害的前提下，某一环境所能容纳的污染物的最大负荷量。大气、水、土地、动植物等都有承受污染物的最高限值。

4.3 污染控制途径

环境污染控制主要有两种途径：一是末端治理；二是污染预防。

（1）末端治理

如目前执行"三同时"、"限期治理"、"污染集中控制"、"浓度达标排放"等都是以末端治理为依据。在这种环境污染控制中，环境容量指实行污染物浓度控制时提出的控制指标，包括绝对容量和年容量两个方面。"十五"期间，我国就开始编制国家环境容量指标，中华人民共和国环境保护部制定环境容量总额。然后按年度分配给各省市区；各省市区再往各地市分解。化工废水治理见图2-7；工业废气处理见图2-8。

图2-7 化工废水处理系统

图2-8 工业废气净化系统

（2）污染预防

污染预防是指在人们生产中就预防污染物的产生或减少污染物的产生量。污染预防关键措施是清洁生产。污染预防是污染控制的根本途径。

5 环境污染对生态平衡有怎样的影响

当污染物存在的数量超过最大容纳量时，周围环境的生态平衡和正常功能就会遭到破坏。

5.1 大气污染对生态平衡的影响

大气污染物主要有二氧化碳、氟利昂、二氧化硫、二氧化氮等。二氧化碳在大气中剧增，会引起温室效应，温室效应会破坏地球的热交换平衡，导致全球气候变暖，海平面上升。氟利昂在大气中增多，会引起臭氧层的破坏，造成臭氧层空洞，紫外线通过空洞畅通无阻进入大气圈内，不但使皮肤致癌，而且影响光合作用，毁坏生态系统。二氧化硫、二氧化氮等在大气中大量存在则引起酸雨，进一步腐蚀建筑、恶化水质、污染土壤。

5.2 水体污染对生态平衡的影响

水中重金属化合物、有机化合物的超量存在，会导致水生动物死亡，使一些河流变为臭水沟。水中营养性有机物、无机物的超量存在，会加速湖泊海湾的富营养化，引起湖泊蓝藻和海湾“赤潮”的暴发，最终导致鱼类大批死亡，使水的BOD激增，溶解氧含量减少，使水变臭、水质量急剧下降。水生生态系统平衡破坏。

5.3 土壤污染对生态平衡的影响

在农业生产中，大量使用农药、化肥，会造成土壤中细菌、蚯蚓等“分解者”以及青蛙等益虫被杀死，导致土壤板结，理化性质变坏。另外，如果土壤受到农药或其他工业废料的污染，那么通过植物及生态系统中食物链的浓缩，污染物最后威胁人类的健康和生存。

为此，现代化工企业一般以杜绝重特大环境污染和生态破坏事故，实现废气、废水达标排放，固体废物全部回收集中处理作为环境保护目标。

课程总结

（1）自然环境是人们周围各种自然因素的总和。生态系统一旦受到自然和人为因素的干扰，超过自我调节能力而不能恢复到原来比较稳定的状态时，其结构和功能会遭到破坏，导致生态失调。

（2）人类活动对环境造成的负面影响主要表现：资源出现短缺，环境受到污染，生态遭到破坏。

（3）环境问题是指由于人类活动作用于自然环境所引起的环境质量变化，以及这种变化对人类的生产、生活和健康造成的影响。中国的环境污染已在很多方面影响人们生活，造成损失巨大。

（4）环境问题的实质是在人类的经济活动中，索取资源的速度超过了资源本身及其替代品的再生速度，向环境排放废弃物的数量超过环境的自净能力。人类必须善待自然。

（5）污染物是指进入环境后能够直接或者间接危害生态平衡和人类生活的物质。污染源是指造成环境污染的污染物发生源。环境容量是指不致受害的前提下，某一环境所能容纳的污染物的最大负荷量。

（6）环境污染控制主要有两种途径：一是末端治理；二是污染预防。

自我测试

（1）选择题

① 在农业生态系统中，害虫属于（　　）。

a. 非生物环境　　b. 生产者

c. 消费者　　d. 分解者

② 过度围湖造田可能导致（　　）的恶化。

a. 生态环境　　b. 地下资源环境

c. 生物环境　　d. 社会环境

③ BOD5（生化需氧量）是综合反映废水中（　　）的一个指标。

a. 有机污染程度　　b. 无机物污染程度

c. 微生物含量　　d. 氧含量

④ 废水处理属于环境污染控制中的（　　）。

a. 末端治理　　b. 污染预防

c. 循环利用　　d. 简单稀释

（2）判断题

① 自然环境等同自然界。（　　）

② CODCr（化学需氧量）是综合反映废水中无机物污染程度的一个指标。（　　）

③ 过度砍伐过的山体经多年水土流失后，即使播种、植树也不容易恢复植被，这是因为生态遭破坏。（　　）

④ 当水体中的污染物低于环境容量时，自然环境对污染物具有自我净化能力。（　　）

课程评估

【任务】 将学生分成若干活动组。每个活动组又分为A、B小组。要求用环保理念，对使用洗衣粉的洗衣废水进行处理或利用。

准备　洗衣粉的洗衣废水、水桶、洒水壶、稀盐酸、pH试纸。

要求　当A小组学生进行废水处理或利用作业，并作必要说明时，B小组学生作进行观察、记录，评估其对洗衣废水的认识和环保意识。之后，A、B小组交换活动。

评估　小组与小组互评，教师总结性评论。

模块二
自然资源

本模块任务

① 了解自然资源的特点和种类；
② 认识到我国自然资源的状况；
③ 认识到我国自然资源开发和利用的问题；
④ 了解环境资源的可持续发展。

1 什么是自然资源

自然资源是环境的重要组成部分。凡是能直接从自然界中获得并用于生产和生活的物质与能量均可称为自然资源，通常包括矿物资源、土地资源、水资源、气候资源与生物资源等。各种自然资源和它们组合的各种状态都是人类赖以生存与发展的物质基础，也是人类生存环境的基本要素。合理地开发和利用自然资源会给人类社会进步与经济发展带来巨大影响。

自然资源具有以下特点：① 有限性。指资源的数量，与人类社会不断增长的需求相矛盾，故必须强调资源的合理开发利用与保护；② 区域性。指资源分布的不平衡，存在数量或质量上的显著地域差异，并有其特殊分布规律；③ 整体性。每个地区的自然资源要素彼此有生态上的联系，形成一个整体，故必须强调综合研究与综合开发利用。

按自然资源的增殖性能，可以把自然资源分为可再生自然资源、可更新自然资源和不可再生自然资源。

（1）可再生自然资源

这类资源可反复利用，如气候资源（太阳辐射、风等）、水资源、地热资源（地热与温泉）、水力、海潮。

（2）可更新自然资源

这类资源可生长繁殖，其更新速度受自身繁殖能力和自然环境条件的制约，如生物资源，为能生长繁殖的有生命的有机体，其更新速度取决于自身繁殖能力和外界环境条件，应有计划、有限制地加以开发利用。

（3）不可再生资源

包括地质资源和半地质资源。前者如矿产资源中的金属矿、非金属矿、核燃料、化石燃料等，其成矿周期往往以数百万年计；后者如土壤资源，其形成周期虽较矿产资源短，但与消费速度相比，也是十分缓慢的。对这类自然资源，应尽可能综合利用，注意节约，避免浪费和破坏。

自然资源是相对概念，随社会生产力水平的提高与科学技术进步，人类会不断扩大资源的范围，并不断寻求和开发新的资源，以满足人类日益增长的需要。如闪电现在不是自然资源，但当科技发展到能利用它的时候，它就变成自然资源了。

2 我国自然资源有哪些特点

我国幅员辽阔、资源丰富、种类齐全，从这方面看，无疑是“地大物博”，这是我国自然资源的优势。但是，由于我国人口基数大，致使人均占有量大大低于世界平均水平，这是我国自然资源的劣势。其基本特点如下。

① 资源“总量大”，但人均“占有量少”。由于中国人口众多，按人口平均的资源占有量，绝大多数都低于世界人均水平。所以中国自然资源有限性十分突出。论资源总量中国是“大国”，若按人均资源占有量我们则是“小国”。

② 自然资源的分布不均衡。由于水土组合、人口分布不平衡，使得全国90%的耕地、森林、人口集中于东南部，西北部多为荒原荒漠，耕地、人口不足全国的10%，但矿产资源比较丰富。另外，中国南方水多煤少，北方水少煤多，因此，南水北调、北煤南运、西电东送都不可避免。

③ 资源开发过度与不足并存，浪费严重。森林过伐、草原过牧、近海捕捞过度、滥采矿产资源等行为，造成资源的巨大浪费和损失。但中国资源利用程度总的讲仍然较低，开发潜力很大。例如，近海3000万亩沿海滩涂，利用率不到10%；中国水能资源潜力更大，开发利用程度不到5%。

2.1 土地资源

中国陆地面积960万平方公里，占全世界陆地面积的1/15，居世界第三位。土地资源具有丘陵、山地和高原面积大，草原多、耕地少、林地比例小、难利用土地比例大的特点。据《2007年中国国土资源公报》显示，我国土地利用情况如图2-9所示。

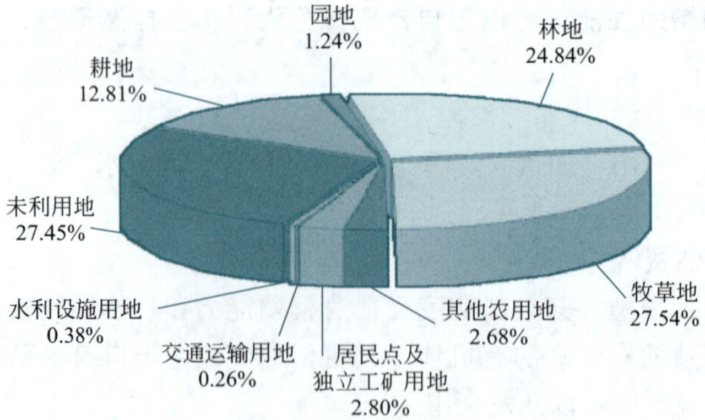

图2-9 2007年全国土地利用现状

中国人均耕地面积0.1公顷，仅为世界平均水平的1/3。人均草地面积为世界平均水平的1/3，其中多是荒漠草原和高寒草原。森林资源分布不均，东北和西南地区较为集中。现有森林面积1.75亿公顷，占世界第5位，森林蓄积量124.56亿立方米，居世界第7位。森林覆盖率为18.2%，低于世界平均水平。人均森林面积仅为0.1顷，为世界平均水平的1/4，是世界上人均占有森林蓄积量最低的国家之一。

由于过度耕种、放牧，不合理施肥、灌溉，风蚀、水蚀以及城市建设不断扩大等原因，使耕地退化、面积减少，草场严重退化，水土流失面积达356万平方公里，占国土面积的37.1%，已经成为水土流失最为严重的国家之一。土地荒漠化日益严重，荒漠化土地面积占国土面积的27%（图2-10）。耕地面积逐年减少，污染严重，全国受污染的耕地占耕地总面积的1/10以上。

水土流失现象　　沙化的草原　　土地荒漠化

图2-10　严重的水土流失和土地荒漠化现状

尽管如此，中国土地资源进一步充分合理利用的潜力仍很大。估计全国还有约3300万公顷的荒地、6000多万公顷的草山草坡和9000多万公顷的宜山、荒地和疏林地有待开发利用。在全球森林资源减少的情况下，我国成为全球森林资源增长最快的国家，人工林面积占世界人工林的近1/3。随着退耕还林工程和天然林资源保护工程的深入实施，我国森林资源将持续增长，预计到2010年，我国森林覆盖率将达到20%，森林蓄积量达到132亿立方米以上，生态功能不断增强，综合效益开始显现。

段落话题

说一说如何在日常生活中保护森林资源。

2.2　水资源

我国是一个干旱缺水严重的国家。虽然河川平均年径流总量达到28000亿立方米，居世界第四位，但人均水资源占有量不及世界人均的1/4，水资源十分紧缺，被列为世界13个水资源最贫乏的国家之一。江河上游多位于高山峡谷中，落差大，水流急，蕴藏着丰富的水力资源；中下游多穿插在广阔平原，河宽水缓，利于灌溉、渔业和通航。河流水力理论蕴藏量约6.8亿千瓦，居世界第一位；可航运里程达10万公里。流域面积广袤，但分布不均，东南多，西北少，陆地水域的92%分布在国土东半部。西部是世界现代山岳冰川最发达的地区，总储水量几乎相当于全国年径流总量。

与此同时，我国水环境总体呈恶化趋势。我国污水排放总量极大，每年约排放500

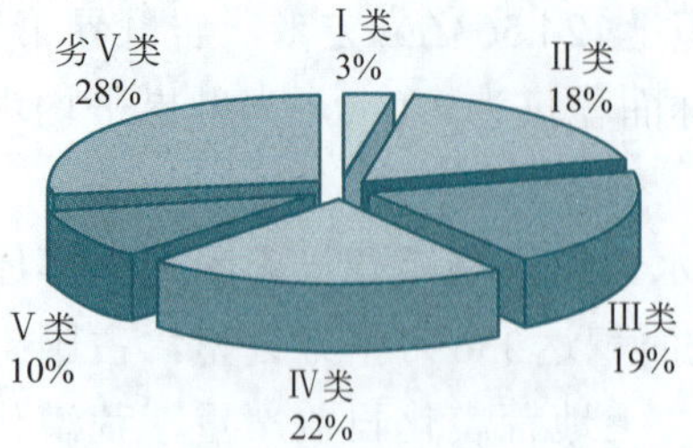

图2-11 2006年全国地表水断面水质类别所占比例

亿～600亿吨，90%以上的城市水环境恶化，全国有3亿多人饮水不安全，其中有1.9亿人饮用水中有害物质超标。根据我国2006年环境年报统计，全国地表水质污染情况严重，如图2-11所示。由图中可以看出，符合饮用水标准（中国国家标准Ⅰ、Ⅱ类）的仅占21%；Ⅳ类以下水高达60%，其中基本丧失使用功能的劣Ⅴ类水占28%。水污染已出现由支流向主干延伸、由城市向农村蔓延、由地表水向地下水渗透、由陆地向海域发展的趋势。由于绝大部分入海排污口排放污染物超标，邻近海域水质达不到海洋功能区的水质要求，近岸海域污染形势严峻，生态系统日趋恶化，赤潮次数和面积大幅增加，严重影响水产资源，导致海洋生物的大量死亡。

水为生命之源。人口急增、工农业生产将导致用水量持续增长而水资源严重短缺，这将成为许多国家经济发展的障碍，水资源危机已成为所有资源问题中最为严重的问题之一（见图2-12）。以水资源紧张、水污染严重和旱、涝灾害为主要特征的水危机已成为我国经济可持续发展的重要制约因素，必须引起重视。

断流的黄河河段

大量污水排放

海洋排污口

图2-12 水资源危机已成为最为严重的资源问题之一

段落话题

说一说如何在日常生活中保护水资源。

2.3 生物资源

生物资源包括各种动物、植物、微生物和其拥有的基因，是宝贵的自然财富。中国有丰富的生物资源，仅脊椎动物就约有4880种，占世界总数的11%，是世界上野生动物种类最多的国家（如图2-13）。中国是世界上植物资源最丰富的国家之一，北半球所有的自然植被类型在中国几乎都有。其中种子植物约有2.5万种，木本植物有7000多种。水杉、银杏等中国特有的古生物种属是举世瞩目的“活化石”（如图2-14）。

大熊猫　藏羚羊　金丝猴　扬子鳄

图2-13　我国特有的珍稀野生动物

桫椤　水杉　银杏　珙桐

图2-14　我国植物的“活化石”

2.4　矿产资源

我国矿产资源十分丰富，种类齐全，已探明储量的矿产有159种，总储量居世界第三位。其中，有色金属的储量居世界前列，稀土金属的储量占世界探明储量的一半以上，煤炭居世界第三位，铁和锰的储量均占世界第3位，磷矿居第2位，石棉等居世界前列，油气资源也十分丰富。矿产资源虽然总量丰富，但人均占有量为世界人均占有量的58%，是一个资源相对贫乏的国家。矿产资源质量差异悬殊，低劣资源所占比重较大。在我国已探明储量的矿种中，占有明显优势的除煤外，支柱性矿产（如石油、天然气、富铁矿等）后备储量不足，多数是用量较小的有色金属和非金属矿种。大型特大型矿床少，支柱性矿产贫矿和难选矿多、富矿少，开采利用难度很大，资源分布与生产力布局不匹配。

由于生产技术相对落后，我国矿产资源的利用率低下，乱采滥挖的现象严重，造成了很大的资源浪费和损失，甚至以牺牲环境为代价。矿产资源具有可耗竭性和不可再生性的特征，如何有效利用有限的矿产资源来满足当代人的需要，又不对后代人满足其需要的能力构成危害，实现社会和经济可持续发展的目标，是关系到环境保护、经济发展和社会进步的一个重大课题。

段落话题

说一说矿产资源具有哪些特点。

2.5 能源资源

能源是保证社会稳定和经济发展的重要物质基础。目前人类使用的能源有90%取自化石燃料，即：煤炭、石油和天然气，它们是经历了上亿年的时间才得以形成的，不可再生。按照目前全世界能源的消耗速度计算，目前探明的石油、天然气和煤炭的总储量可供人类使用的时间如图2-15所示。长期以来在能源的生产、运输和消费方面，普遍存在着严重的浪费，同时使用过程中排放大量污染物导致环境恶化。人类必须估计到，随着全球能源消费的迅速增长可能带来的能源危机，尽量减少对不可再生的化石燃料的消耗，尽早探索研究、开发和利用新能源。

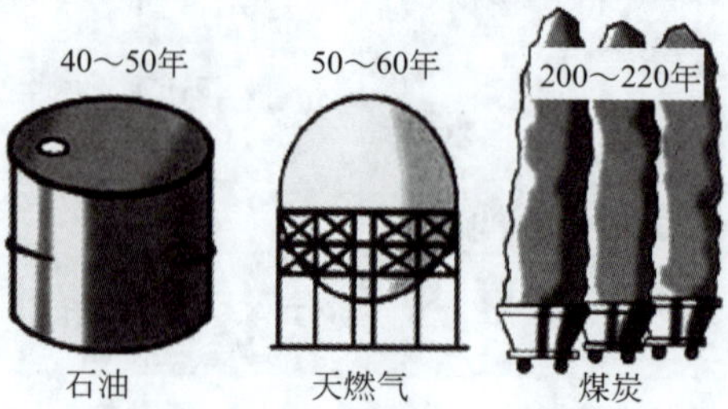

图2-15 储量有限的化石燃料

中国一次能源生产总量约为100亿吨标准煤，是世界第二能源生产大国，原煤产量居世界第一位。但能源分布很不均匀，煤炭探明储量的80%集中在北部，经济发达的江南只占2%；石油探明储量的85%在长江以北的东部地区；水力资源的90%分布于西南、西北、中南3大地区。这就要求各地区应因地制宜地开发本区拥有的能源。能源利用上，在常规能源较少的华南、华东地区已建立大亚湾核电站和秦山核电站，标志中国能源生产进入了新的发展阶段。

段落话题

说一说生活中怎样节约能源、减少浪费。

3 我国自然资源的开发利用面临哪些挑战

长期以来，人们认为环境资源是取之不尽、用之不竭的。随着人口增长和经济发展对资源的需求与日俱增，人类正面临着资源短缺和枯竭以及环境恶化的威胁。我们必须清醒地看到自然资源的进一步开发利用所面临的挑战。

3.1 人均资源占有量小，且有继续下降趋势

自然资源总量大、种类多，但人均占有量少，是我国的具体国情。我国每年仍有1000多万人口的净增长；再加上开发利用自然资源中的某些不合理因素，势必使我国人均资源数量呈现继续下降的趋势。这一现状无疑对我国现代化经济建设稳定、持续的发展构成不可忽视的严峻挑战。

3.2 经济结构不合理，资源消耗量大的产业过量发展

当前我国主要还是以资源消耗型的高耗能、高污染的工业为推动力，产业结构尚未得到根本性优化。2006年我国工业增加值比重高达48.7%，其中高耗能、高污染的行业增长超过整个工业增长。加快调整不合理的经济结构，彻底转变粗放型的经济增长方式，

使经济发展建立在高效利用资源、减少环境污染、注重质量效益的基础上，努力建设资源节约型、环境友好型社会是我们面临的又一挑战。

3.3 资源开发利用的效率不高，浪费严重

目前我国的原材料利用效率低、浪费严重，单位产值的消耗强度大大高于世界平均水平，单位资源产出水平仅相当于美国的1/10、日本的1/20。一些地区依然存在着对某些自然资源的掠夺式开发和不合理利用，造成资源的巨大浪费和损失，导致自然环境破坏，生态系统失调，进而导致资源短缺日益严重。这是我国自然资源开发利用所面临诸多挑战中重要的一个方面。

4 怎样解决我们面临的自然资源问题

自然资源是人类社会生存、发展的物质基础，资源的合理利用关系到整个经济社会的发展。资源问题不再是一个孤立的问题，它与社会政治、经济等问题越来越紧密地联系在一起，相互影响，相互作用，构成一个复杂的社会系统。资源相对不足，环境污染严重，已成为影响我国经济社会发展的重要因素。中国必须以后代人的利益为考虑，把近期和长远发展结合起来，在保持经济高速增长的前提下，实现资源的合理配置和综合持续利用，坚定不移地走可持续发展道路。

1992年6月，联合国环境与发展大会上提出了可持续发展的全球战略，这是一种立足于环境和自然资源角度提出的关于人类长期发展的战略和模式，是“既满足当代人的需求又不危及后代人满足其需求的发展”，不以牺牲后代人的利益为代价来满足当代人的利益。可持续发展的实质可归纳为：对可更新的资源的开发利用速度不超过其更新速度；对不可更新的资源的开发利用速度不超出其可更新替代物的开发速度；污染物的排放总量（包括累积量）不超过环境容量。可持续发展要求人们改变传统的生产和生活方式，改变人类对于自然的态度，在开发和利用自然资源的同时，必须注重对环境资源的保护。

合理开发利用和有效地保护资源，应遵循以下原则：① 立足于自然资源基本自给，充分利用国内外资源；② 自然资源开发与保护相结合；③ 资源开发与资源节约相结合；④ 因地制宜，科学合理；⑤ 资源开发的超前准备与后续开发相结合。

进一步调整经济结构和转变经济发展方式，是缓解资源环境压力、实现经济社会全面协调可持续发展的根本途径。要加快调整不合理的经济结构，彻底转变粗放型的经济增长方式，使经济发展建立在高效利用资源、减少环境污染、注重质量效益的基础上，努力建设资源节约型、环境友好型社会。

课程总结

（1）自然资源的特点：有限性、区域性、整体性。

自然资源可分为：可再生自然资源、可更新自然资源、不可再生资源。

（2）我国自然资源状况：资源总量大，人均占有量少；分布不均衡；资源开发

不合理，浪费严重。

- 土地资源
- 水资源
- 生物资源
- 矿产资源
- 能源资源

（3）我国自然资源的开发利用面临的挑战：

- 人均资源占有量小，且有继续下降趋势
- 经济结构不合理，资源消耗量大的产业过量发展
- 资源开发利用的效率不高，浪费严重

（4）解决环境资源问题的途径是走可持续发展道路，实现资源的合理配置和综合持续利用。自然资源开发利用原则：

- 立足于自然资源基本自给，充分利用国内外资源
- 自然资源开发与保护相结合
- 资源开发与资源节约相结合
- 因地制宜，科学合理
- 资源开发的超前准备与后续开发相结合

自我测试

问答题

① 什么是自然资源？自然资源有哪些特点？举例说明自然资源有哪些种类。
② 为什么说我国既是“资源大国”，也是“资源小国”？
③ 我国的土地资源面临哪些问题？
④ 我国的水资源面临哪些问题？
⑤ 我国的矿产资源有哪些特点？
⑥ 为什么会出现能源短缺？
⑦ 我国的自然资源开发面临哪些挑战？
⑧ 合理开发自然资源的原则是什么？

课程评估（任选其一）

【任务1】考察本地农村沼气系统的利用情况。

内容　① 了解沼气的原理；
② 考察沼气系统的工艺流程、设备以及利用情况；
③ 考察节能效果及当地推广情况。

要求　在教师组织下，学生分组考察、调研，写出考察报告。

评估 小组汇报，小组与小组互评，教师总结性评价。

【任务2】调查我国正在实施的资源大调动工程的背景、基本方案及深远意义。

内容 ① 南水北调工程；

② 西气东输工程；

③ 西电东送工程。

要求 在教师组织下，学生采用分组查找资料或实地调研，写出调查报告。

评估 小组汇报，小组与小组互评，教师总结性评价。

模块三 环境保护措施

本模块任务

① 认识政府在推行环保措施方面采取的有效行为；

② 认识企业在生产过程中实施的环保措施；

③ 阐述合理利用资源、末端治理措施与影响型措施怎样地有效融合进行环境治理；

④ 认识到保护环境是我们每一个人的责任。

1 为什么要学习环境保护措施

人类活动给自然环境造成了一定程度的破坏和污染。由于人类不合理开发利用资源或进行大型工程建设，使自然环境和资源遭到破坏而引起了一系列的环境问题。如植被破坏引起水土流失、过度放牧引起草原退化、大面积开垦引起的土壤沙化等，其后果往往需要很长时间才能恢复，有的甚至不可逆转。而工农业生产和城市生活又把大量污染物排入环境，使环境质量下降，以致危害人体健康，损害生物资源，影响工农业生产。具体讲，主要是工业的“三废”对环境空气、水体、土壤和生物产生不同程度的污染。

环境问题的日益严重，范围和规模的不断扩大，使越来越多的人感觉到自己是处在一种不安全、不健康的环境中。我们的政府和企业多年来一直在采取有力的措施治理和控制环境污染，力求将有害物质对环境的影响减少到最小。保护环境是我们每一个人的责任！

段落话题

说说生活中你看到或经历过的环境污染事例。

2 政府在保护环境方面有何作用

政府为保证公众了解环境状况，参与环境保护，已经采取了各种手段与相应的措施。

2.1 完善的法律体系

法律与法规是改善环境行为的重要手段。政府将环境执法放在与环境立法同等重要的地位，对环境污染和破坏环境的行为严肃查处。积极促进整个社会对环境违法行为进行监督，整治违法排污企业，推动重点地区污染治理，保障公民健康生活。

2.2 ISO 14000国家示范区

ISO 14000是一个系列的环境管理标准，它包括了环境管理体系、环境审核、环境标志、生命周期分析等国际环境管理领域内的许多焦点问题，旨在指导各类组织（企业、公司）取得和表现正确的环境行为。

ISO 14000国家示范区是环保总局会同有关部门在全国环保重点城市和国家级经济开发区、高新技术产业开发区、风景名胜区开展的实施可持续发展示范项目。示范区创建工作围绕环境保护促进经济发展这个中心议题，从加强环境建设，规范企业环境行为，改善环境质量入手，使环保工作融入经济社会发展的各个领域，促进了区域经济持续、健康发展。

自1999年ISO 14000国家示范区创建工作启动以来，以在一定区域内实现经济社会与环境协调发展，改善环境质量为基本目标，取得了显著成效，为提高区域环境管理水平、抵御环境风险，提升国际竞争力，发挥了重要的示范作用。

2.3 宣传教育

为加强环保教育，政府将环境保护法律法规的宣传作为全民法制教育的重要内容，并将环境保护法律法规纳入年度法制教育计划。开展绿色社区、绿色学校、绿色家庭创建活动。通过常年举办绿色中国论坛、中国环境文化节等活动，进行环境知识培训，引导公众参与讨论环境问题。

2.4 公众参与

政府努力创造条件，鼓励公众参与环境保护工作。对可能造成不良影响的规划或建设项目，举行论证会、听证会，征求有关单位、专家和公众对环境影响的意见。民间组织和环保志愿者是环境保护公众参与的重要力量。

段落话题

政府行为在推行环境保护过程中扮演何种角色?

3 企业在保护环境方面有何作用

由于工业活动是造成环境污染问题的主要根源，因此，环境治理主要集中在工业环境治理。与过去相比，中国工业污染防治战略目前正在发生重大变化。逐步从末端治理向全过程控制转变，从浓度控制向总量和浓度控制相结合转变，从点源治理向流域和区域综合治理转变，从简单的企业治理向调整产业结构、清洁生产和发展循环经济转变。

3.1 合理利用资源

在产品设计中，尽量采用标准设计，使一些装备便捷地换代，而不必整机报废。在产品使用生命周期结束后，易于拆卸和综合利用；同时，在产品设计中，要尽量使之不产生或少产生对人体健康和环境的危害影响；不使用或尽可能少使用有毒有害的原材料；选用清洁能源，尽可能开发可再生资源，从而减少从原材料到产品最终处置的整个生命周期对人类健康和环境的影响。

3.2 末端治理措施

企业在推行清洁生产技术的同时还需要末端治理。由于工业生产无法完全避免污染的产生，最先进的生产工艺也不能避免产生污染物，依然要进行最终的处理、处置。因此，在清洁生产的同时还要融入末端治理技术。这种方法大量地减少了向外环境排放的有害物质。

3.3 影响型措施

企业现有的污染治理技术还存在局限性，使得排放的“三废”在处理、处置过程中对环境还有一定的风险性。采取影响型措施能确保污染物在被处理的同时，不会给环境带来新的危害。这些影响型措施可以是再利用、再生和再循环。

实行资源和废物的综合、循环利用，使废弃物资源化、减量化和无害化，把有害环境的废弃物减少到最低限度。废弃物的综合利用和循环利用有两种方式：一是原极资源化，即把废弃物生成与原来相同的产品；二是次级资源化，即把废弃物变成与原来不同的新产品。例如，炼油厂废水中的油分经油水分离器除去，或者溶解到气浮装置中进行去除。再生的油可以循环回工艺规程，或者作为有价值的现场燃料被烧掉。它还可以作为材料或再生能源被送到其他场所。再如，新的焚烧技术可以把废物作为产生能量的原材料。

段落话题

企业实行的清洁生产技术、末端治理与影响型措施之间有何联系?

4 个人在保护环境方面有何作用

清洁而仔细地工作，对自己的行为负责。

4.1 一般建议

① 如果可能，选择使用毒性和危险性较小的产品。

② 在购买一个产品之前，确定它确实有用，避免只用了一部分或者没用就被扔掉。

③ 只购买满足实际需要量的产品，或在一个合理的时间段内将被使用的产品，这样就会避免有超量或超期的产品不得不扔掉。

④ 正确使用产品，以便发挥其最大功能。

4.2 特殊建议

① 家用清洗剂：使用危害较小的清洗剂，例如食用苏打、食醋、柠檬原汁等。

② 涂料：使用乳剂涂料或者水基涂料、由混合的废弃涂料制成的回收涂料天然色素面漆、石灰石白灰涂料等。

③ 杀虫剂：通过保持洁净、干燥、水分适当来减少杀真菌剂的使用；运用天然杀虫剂，例如除虫菊，杀虫皂等。

课程总结

（1）保护环境，政府积极而有效的措施：完善的法律体系、宣传教育和公众参与。

（2）企业的环保措施：合理利用资源、末端治理措施和影响型措施。

（3）保护环境，要清洁而仔细地工作，对自己的行为负责。

自我测试

（1）判断题

① 在公司某产品生产工艺的最后安装废水处理装置是影响型措施。（　　）

② 当一位操作工正在清空油品槽车时，将大量油品溢到地面上，操作者并没有清理而仔细地工作。（　　）

③ 某化工企业的废水中含有大量的有毒重金属镉。该公司采用化学方法去除镉，水质达标后排放到市政污水管网。这种环保措施属于末端处理措施。（　　）

（2）问答题

① 你能举出一些我国有关环境保护方面的法律法规吗？

② 阐述你所知道的有关清洁能源或可再生资源方面的事例。

课程评估

【任务】以啤酒行业的生产工艺过程为例，进行调查（建议学生在学习此模块之前准备好调查资料）。

内容　① 原、辅材料怎样采购。

② 生产工艺过程，绘出生产工艺流程图。要求标出“三废”排放点及产生废弃物的名称。

原料粉碎→麦汁制备→麦汁冷却→啤酒发酵→啤酒过滤→啤酒包装

针对上述调查内容，分析在啤酒的生产工艺过程中体现：

① 采用清洁生产技术的环节；

② 实施末端治理技术；

③ 废弃物循环利用的环节。

要求　在教师指导下，学生分组查询资料完成课题。

第三篇

质量管理

本篇任务

① 认识学习质量管理的重要性；
② 了解现代质量观和全面质量管理的实质；
③ 了解生产中保证质量的方法措施；
④ 认识质量管理标准。

1 为什么要学习质量管理

1.1 质量是企业生存之本

质量是企业生存之本。质量依附在产品或服务之上，连同规模和品种，决定企业的硬实力，也影响企业的软实力。企业若能长期以高质量产品或服务交给客户，则能树立用户信赖的良好品牌、赢得企业需要的社会信誉。

1.2 学习质量管理是企业改进质量的需要

企业改进质量需要三大要素：决心、教育和执行。学习质量管理，目的在于从现在开始树立追求高质量的态度和创造高质量的决心，培养全面质量观念和全面质量管理的思维方式，提高质量管理保证的素质，准备做一名企业质量管理的协作者和改进产品或服务质量的执行者。

段落话题

谈谈自己应该从哪些方面做好准备，以在今后的工作岗位中做一名改进质量的执行者？

2 什么是现代质量观

2.1 质量的概念

质量是指产品、过程或服务能满足规定要求和需要的特征总和。根据载体，质量分为产品质量、过程质量和服务质量。

（1）产品质量

指产品满足使用需要所具有的特征，体现在适用性、耐用性、可靠性、安全性、节能性、环保性和经济性等方面。

（2）过程质量

也叫工程质量，是针对产品质量形成过程而言的工作质量，与相关的人、机器、原材料、方法、检测和环境（简称5M1E要素）有关。通常以产品合格率、废品率、返修率及优等品率等指标衡量。

（3）服务质量

为客户提供劳务过程中的工作质量。诸如运输，保险，售后服务等都以提供劳务为主。工作质量是过程质量和服务质量的统称。通常，人们以工作质量来评价人的工作状况好坏。

2.2 现代质量观

现代质量观就是要在法律、时间、技术、生态和经济大环境中看待质量，树立质量的法律观、时间观、技术观、生态观和经济观。

（1）质量的法律观

企业为社会提供产品或服务，必须满足法律或法规所规定的最低要求。产品质量必须高于国家标准规定的要求。企业需要为提供不合格的产品或服务按法律规范承担经济或行政责任。

（2）质量的时间观

企业为社会提供产品或服务，必须准时提交才有意义。提前交货不能保证产品在客户使用时的质量。合格的产品放置一段时间后可能变得不合格。同样，延期交货的质量也会大打折扣，客户一旦找其他替代产品，提交产品质量再高，可能也不被客户接受。

（3）质量的技术观

产品的质量特性是用技术指标加以量化和衡量。技术是质量的保证。一流的企业，不仅是高质量产品的提供者，而且是质量标准的制订者、高质量标准的引导者。

（4）质量的生态观

产品质量的设计要与生态环境和社会环境相适应。企业提供产品或服务，必须建立在生态环境良性循环基础上，做到节约资源、减少排放。另外，企业提供产品或服务要符合区域社会环境的共识。例如，绿色化的产品或服务在世界范围内普遍被看好。

（5）质量的经济观

一方面，产品质量不宜设计过高，否则造成不必要的成本浪费。另一方面，产品或服务质量必须达到规定的要求，否则大量产品返工、报废，甚至被客户拒收或索赔，增加企业的质量成本。

企业为了让自己的产品取信于社会，可自愿申请产品质量认证，如3C认证（中国强制性产品认证）、中国名牌产品认证、国家免检产品认证、中国食品质量安全认证（即QS认证）等。

段落话题

你认为学习用的纸张，什么样的质量是好的?

3 什么是全面质量管理

3.1 质量管理概念

依ISO 9000定义，质量管理是在质量方面指挥和控制组织协调的活动。质量管理的发展经历了三个阶段。

（1）质量检验阶段

特点是对最终产品进行质量把关，属于产品检验阶段。

（2）统计质量控制阶段

特点是利用数理统计工具，如直方图、控制图，来控制、预防不合格产品的产生，属于工程控制阶段。

（3）现代质量管理阶段

特点是运用“全面质量管理”的原理，通过“三全”——全员参与、全过程控制、全方位协调，来保证工作质量，进而改进产品质量，属于全面预防阶段。

3.2 全面质量管理

全面质量管理是世界多数国家争相学习和推广应用的一种质量管理模式。该模式具有现代质量管理的基本特征，指明了工作内容和工作方法，并且已有世界统一的标准可供参照与认证。

（1）基本特征

强调高度的科学性、组织的系统性和管理的广泛性。

科学性方面指明了以顾客为关注焦点，质量优先产品考虑，预防重于“把关”，持续改进，用数据说话，运用数理统计方法，短期利益让位于长远利益的指导思想。系统性方面认同质量形成过程中的错综关系，推行企业“一盘棋”管理，通过管好过程来保证产品质量。广泛性方面强调全员参与、全过程控制和全方位协调，突出领导作用和决策方法，注意与供方的互利关系。

（2）工作内容

包括建立质量管理体系、根据目标体系实施目标管理、运作管理体系并持续改进及开展标准化、质量教育和群众性质量管理活动等基础工作。

质量管理体系是企业为了确保其产品（服务）达到用户满意接受和放心使用，在质量方面指挥和控制其活动的管理体系，是由组织结构、职责、程序、过程和资源构成的有机整体。质量管理体系静态时仅表现为组织结构和书面文件，为了真正发挥效能，需要投入运作并持续改进。

全面质量管理的基础工作包括标准化工作、质量教育工作和群众性质量管理活动等。群众性质量管理活动通常以“QC小组活动”形式开展，可以集思广益，是从基层发现质量问题、图找到解决方法的一条途径。

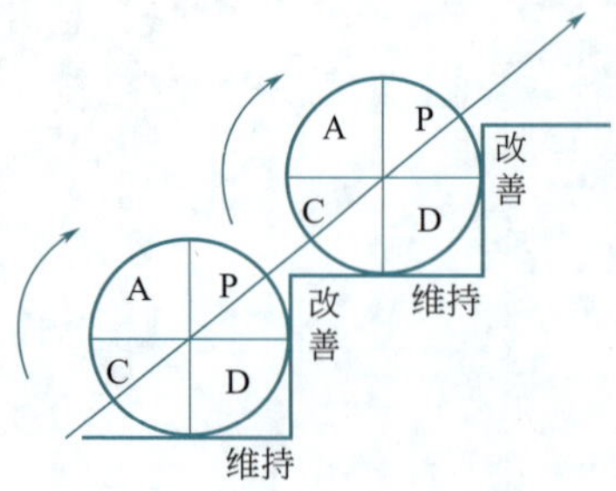

图3-1 P-D-C-A工作循环

（3）工作方法

以P-D-C-A工作循环为主要工作方法。

P-D-C-A工作循环是全面质量管理中确立的工作方法。这个方法的基本意义是：任何一项质量工作的改进都要经过P-D-C-A四个阶段；达到目的后，需要确定新的目的，进一步提高同样经过四个阶段来实现。P-D-C-A工作循环见图3-1。

① P——计划（Plan）阶段。在这个阶段，首先找出存在的问题，然后针对原因，研究对策和措施，并列入计划。计划应明确为什么干？干什么？在哪里干？谁来干？何时完成？怎么干？（5W1H）；

② D——实施（Do）阶段。按计划采取行动，以保证措施的实施；

③ C——检查（Check）阶段。按计划的要求检查实施的效果；

④ A——处理（Action）阶段。总结经验，巩固成果。把成功的经验和失败的教训纳入有关标准、制度中，以预防错误的再发生。

段落话题

你将成为一名员工，在企业的全面质量管理中，会持什么态度？

4 生产中如何保证质量

全面质量管理的理念是预防为主。全面质量管理的思路是通过人和其他生产要素的质量来保证工程质量、通过工程质量来保证产品质量。质量管理体系就是一个质量保证体系。生产中为了保证最终产品的质量，必须保证岗位的工程质量，可从基础性质量保证和现场性质量控制两方面入手。

4.1 基础性质量保证

企业应该建立质量保证体系并持续运作和改进，从制度上、根本上保证5M1E要素的质量。在5M1E要素中，人是最重要、最活跃的因素，企业应该通过质量保证体系的运作，使企业员工有追求高质量的愿望、态度和素质，使企业员工了解企业希望达到的质量目标和过程要求、了解工作失误而造成不合格品的后果。

4.2 现场性质量控制

在生产过程中，5M1E要素存在随机性，因而产品质量甚至工序质量存在波动性。生产现场中质量控制可借助控制图分析。分析工具是控制图，它的横坐标为取样时间，纵坐标为质量特性。根据化工行业特点，质量特性有质量指标和工艺参数两种。控制图中，以均值控制图（$\overline{X}$图）较为常见，如图3-2。

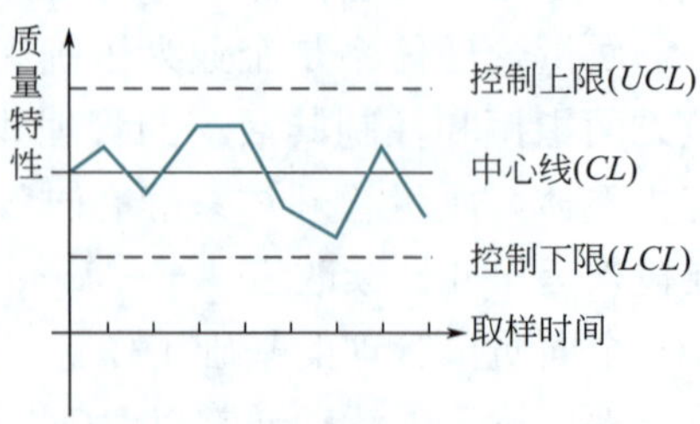

图3-2 均值控制图（$\overline{X}$图）

（1）$\overline{X}$图的绘制

先通过取样获得质量指标的测量值，再通过数据处理，绘制$\overline{X}$图。

绘图时，需要确定每次取样的样本容量n（一般$n \geqslant 5$，每次取样数），取样时间间隔t（0.5～1h），总取样次数K（$K \geqslant 20$）。假如每次取样数为5（n=5），相邻两次的取样时间间隔为1小时（h=1），总取样次数为20（K=20），则可按下面方法绘制$\overline{X}$图。

求第1次取样的极差R_1和均值$\overline{X}_1$。若第1次取样中5个样本的测量值分别为98%、99.2%、98.5%、99.0%、98.4%，则：

第1次取样的极差R_1=99.2%−98.0%=1.2%（最大值与最小值之差）；

第1次取样的均值$\overline{X}_1=\dfrac{98.0\%+99.2\%+98.5\%+99.0\%+98.4\%}{5}=98.61\%_1$；

根据第2次、第3次……第k次取样，算出每次取样的极差R_i和均值$\overline{X}_i$（i为1～k之间一个任意数）。在此基础上，再算出总样本（K=20）的极差和总样本的均值。

总样本的极差：$\overline{R}=\dfrac{R_1+R_2+\cdots+R_{20}}{20}$；

总样本的均值：$\overline{\overline{X}}=\dfrac{\overline{X_1}+\overline{X_2}+\cdots+\overline{X_{20}}}{20}$；

图3-2中：中心线$CL=\overline{\overline{X}}$；控制上限线$UCL=\overline{\overline{X}}+\text{A}\overline{\text{R}}$；控制下限线$LCL=\overline{\overline{X}}-A\overline{R}$。

其中A取值：n=5时，A=0.577；n=6时，A=0.483；n=7时，A=0.419；n=8时，A=0.373；n=9时，A=0.337；n=10时，A=0.308。

（2）$\overline{X}$图的应用

将每次取样的均值$\overline{X}_i$描绘在$\overline{X}$图上。根据所描点连线的走向，可以判断工序质量。参见表3-1。当工序质量出现异常，再通过对人、机器、原材料、方法、检测和环境等要素分析，进而采取相应措施，以P-D-C-A循环工作方式克服工序中存在的质量隐患。

表3-1 控制图的判断规则表

图中反映的现象	工序状态判断
点子不超出控制界限，排列随机	正常
点子落在控制界限外	工艺过程发生异常变化
点子在中心线一侧连续出现7点以上	有系统因素，存在隐患
点子在中心线一侧多次出现（如11点有10点，14点有12点，17点有14点，20点有16点）	存在倾向性的影响因素
点子在控制线界限附近出现（如连续3点有2点，连续7点有3点，连续10点有4点）	工艺过程有异常变化
点子连续7点上升或下降	存在倾向性的因素，质量超出控制限
点子呈周期性变化	存在周期性发生的因素

段落话题

回顾你熟悉的一个化学品制备实验，从5M1E要素入手分析质量达不到要求（或收率低）的原因？若重复进行这个实验，那么请提出相关的改进措施。

5 什么是质量管理标准

5.1 什么是质量管理标准

（1）质量管理标准的定义

以包括产品质量管理和工作质量管理在内的全面质量管理事项为对象而制定的标准，称为质量管理标准。全面质量管理模式已经被国际标准化组织收集，并融合为国际标准（ISO 9000系列标准）的具体工作内容。

（2）ISO 9000系列标准介绍

国际标准化组织（ISO）于1987年正式颁布“ISO 9000-87系列标准”，目前已经颁布第四版的“ISO 9000：2005系列标准”，把全球的质量管理推到一个新阶段。GB/T 19000系列标准是等同ISO 9000系列标准的中国质量管理系列标准。

ISO 9000系列标准的内容包括：① 质量管理名词术语；② 质量保证体系标准；③ 质量统计标准；④ 可靠性标准等。ISO 9000：2005系列标准涉及文件的名录，见附录五。

5.2 认识ISO 9000系列标准的意义

ISO 9000系列标准的意义主要体现以下几个方面：

① 代表了最先进的现代质量管理思想；② 成为企业完善内部管理的有效途径；③ 成为企业证实质量能力的最佳手段；④ 成为企业走向国际市场的“共同语言”。

质量管理体系的认证申请是企业的自愿行为，依据为ISO 9000系列标准，认证通过后获得证书，见图3-3。ISO 9000系列标准的认证证书在国际贸易中被称为“金色通行证”。

然而，制药企业推行的GMP认证（GMP：良好药品生产规范）属于国家的强制行为，是对制药企业良好生产条件和药品质量管理工作的权威认可。

图3-3 质量管理体系的认证证书

段落话题

认识ISO 9000系列标准有什么意义？

课程总结

（1）质量是企业生存之本。学习质量管理，目的在于从现在开始树立追求高质量的态度和创造高质量的决心；准备做一名企业质量管理的协作者和改进质量的执行者。

（2）质量是指产品、过程或服务能满足规定要求和需要的特征总和。产品质量体现在适用性、耐用性、可靠性、安全性、节能性、环保性和经济性方面。过程质量与人、机器、原材料、方法、检测和环境有关。

（3）现代质量观就是树立质量的法律观、时间观、技术观、生态观和经济观。

（4）全面质量管理是强调高度的科学性、组织的系统性和管理的广泛性，通过“三全”——全员参与、全过程控制和管理、全方位协调，来保证工作质量，进而改进产品质量。P-D-C-A工作循环是全面质量管理中确立的工作方法。

（5）生产现场中保证质量可借助控制图分析。

（6）全面质量管理的国际标准为ISO 9000系列标准。

自我测试

（1）选择题

① 企业工作质量保证依靠（　　）。

a. 工作环境　　b. 管理制度

c. 质量管理体系　　d. 人

② 在质量管理的5M1E要素中，最活泼的因素是（　　）。

a. 原材料　　b. 人

c. 方法　　d. 机器

③ 一般，产品的质量特性是用（　　）加以量化和衡量。

a. 技术指标　　b. 经济指标

c. 工作指标　　d. 能力指标

④ 质量管理的国际标准为（　　）。

a. SA8000系列标准　　b. ISO 9000系列标准

c. ISO 14000系列标准　　d. GB/T 28000系列标准

（2）判断题

① 中职学生学习质量管理目的在于树立追求高质量的态度和创造高质量的决心，培养全面质量观念和全面质量管理的思维方式，提高质量管理的素质。（　　）

② P-D-C-A工作循环是全面质量管理中确立的工作方法。（　　）

③ 在生产现场质量控制中，因果分析图可以反映工序质量的波动情况。（　　）

④ ISO 9000系列标准的认证证书在国际贸易中被称为“蓝色通行证”。（　　）

课程评估

【任务】针对聚氯乙烯聚合岗位生产中出现的温控系统失灵事故，分析其对产品质量

的后果，提出看法或措施。学生分成若干活动组。每个活动组又分为A小组、B小组，

准备　准备聚氯乙烯聚合岗位带控制点的流程图若干张。

要求　教师先介绍聚氯乙烯聚合岗位相关工艺知识和温控系统。聚氯乙烯产品平均聚合度与聚合温度关系见下表。生产状况：水/油比为（1.5～2）∶1，聚合时间8～10h，$33m^3$的不锈钢聚合釜，每釜生产10t左右的聚氯乙烯。

产品型号	SG-1型	SG-2型	SG-3型	SG-4型
平均聚合度	1300～1500	1100～1300	980～1100	800～900
聚合温度	47～48℃	50～52℃	54～55℃	57～58℃

当A小组学生进行事故后果分析、提出看法或处理措施时，B小组学生作进行记录、提问，评估其合理性和对质量的态度。之后，A小组、B小组交换活动。

评估　小组与小组互评，教师总结性评论。

第四篇

认识清洁生产

本篇任务

① 认识清洁生产；
② 理解清洁生产的内涵；
③ 阐述清洁生产与末端治理的相互关系。

1 为什么要认识清洁生产

工业革命以来，尤其是20世纪70年代以来，全球社会经济得到了迅猛发展，但同时也造成了资源过度消耗和日益稀缺，环境问题日益严重，从而大大制约着经济的发展和社会的进步。人们不得不开始对过去的经济发展模式进行反思，重新审视经济和环境资源间的关系。通过过去几十年的环境保护实践，人们逐渐认识到，仅依靠开发更有效的污染控制技术所能实现的环境改善十分有限，关心产品和生产过程对环境的影响，依靠改进生产工艺和加强管理等措施来消除污染更为有效，于是清洁生产战略应运而生。清洁生产是环境保护战略具有重大意义的创新，是工业可持续发展的必然选择。

清洁生产示意图如图4-1所示。

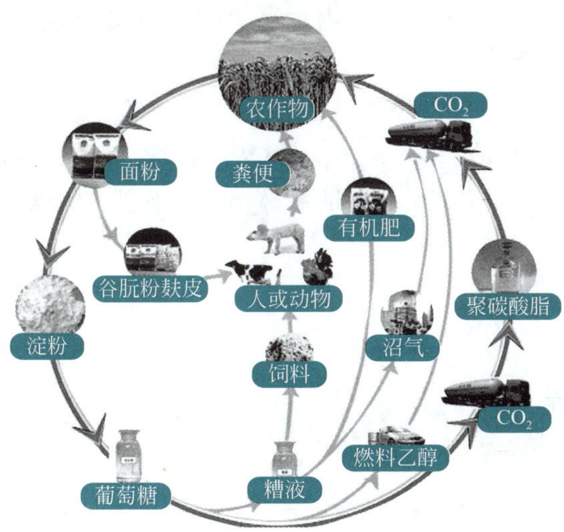

图4-1 清洁生产示意图

2 清洁生产的含义是什么

清洁生产在不同的发展阶段或不同的国家有不同的提法，如“污染预防”、“废物最小化”、“源削减”、“无废工艺”等，但其基本内涵是一致的，即对生产过程、产品及服务采用污染预防的战略来减少污染物的产生。

清洁生产是各国在反省传统的以末端治理为主的污染控制措施的种种不足后，提出的一种以源削减为主要特征的环境战略，是人们思想和观念的一种转变，是环境保护战略由被动反应向主动行动的一种转变。联合国环境署关于清洁生产的定义如下：

清洁生产是一种新的创造性思想，该思想将整体预防的环境战略持续应用于生产过程、产品和服务中，以增加生态效率和减少人类及环境的风险。

① 对生产过程，要求节约原材料和能源，淘汰有毒原材料，削减所有废物的数量和毒性。

② 对产品，要求减少从原材料提炼到产品最终处置的全生命周期的不利影响。

③ 对服务，要求将环境因素纳入设计和所提供的服务中。

清洁生产是在较长的污染预防进程中逐步形成的，也是国内外几十年来污染预防工作基本经验的结晶。究其本质，在于源头削减和污染预防。它不但覆盖第二产业，同时也覆盖第一、第三产业。

清洁生产是从全方位、多角度的途径去实现“清洁的生产”的，具有十分丰富的内涵，主要表现在：

① 用无污染、少污染的产品替代毒性大、污染重的产品；

② 用无污染、少污染的能源和原材料替代毒性大、污染重的能源和原材料；

③ 用消耗少、效率高、无污染、少污染的工艺和设备替代消耗高、效率低、产污量大、污染重的工艺和设备；

④ 最大限度地利用能源和原材料，实现物料最大限度的场内循环；

⑤ 强化组织管理，减少跑、冒、滴、漏和物料流失；

⑥ 对必须排放的污染物，采用低费用、高效能的净化处理设备和“三废”综合利用措施进行最终的处理和处置。

清洁生产除强调“预防”外，还体现了以下两层含义：

① 可持续性：清洁生产是一个相对的、不断的持续进行的过程；

② 防止污染物转移：将气、水、土地等环境介质作为一个整体、避免末端治理中污染物在不同介质之间进行转移。

段落话题

（1）清洁生产的定义是什么?

（2）你对清洁生产的含义如何认识?

图4-2为清洁生产案例，这个案例为法国雷诺公司汽车产品再循环系统。

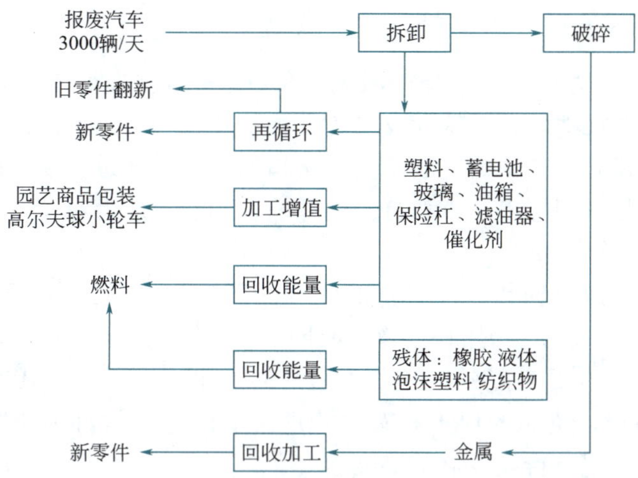

图4-2 清洁生产案例

3 开展清洁生产有何意义

3.1 开展清洁生产是控制环境污染的有效手段

尽管国际社会为保护人类的生存环境做出了很大努力，但环境污染和自然环境恶化的趋势并未得到有效控制，全球性环境问题的加剧对人类的生存和发展构成了严重的威胁。造成全球环境问题的原因是多方面的，其中重要的一条是几十年来以被动反应为主的环境管理体系存在严重缺陷，无论是发达国家还是发展中国家均走着先污染后治理这一人们为之付出沉重代价的道路。

清洁生产彻底改变了过去被动的、滞后的污染控制手段，强调在污染产生之前就予以削减，即在产品及其生产过程和服务中减少污染物的产生和对环境的不利影响。这一主动行动，具有效率高、可带来经济效益、容易为组织接受等特点，因而已经成为和必将继续成为控制环境污染的一项有效手段。

3.2 开展清洁生产可大大减轻末端治理的负担

末端治理作为目前国内外控制污染最重要的手段，为保护环境起到了极为重要的作用。然而，随着工业化发展迅速地加快，末端治理这一污染控制模式的种种弊端逐渐显露出来。

首先，末端治理设施投资大、运行费用高，造成组织成本上升，经济效益下降；第二，末端治理存在污染物转移等问题，不能彻底解决环境污染；第三，末端治理未涉及资源的有效利用，不能制止自然资源的浪费。据美国环保局统计，1990年美国用于“三废”处理的费用高达1200亿美元，占GDP的2.8%，成为国家的一个沉重负担。我国“七五”、“八五”期间环保投资（主要是污染治理投资）占GDP的比例分别为0.69%和0.73%，“九五”期间其比例也接近1%，但已使大部分城市和企业承受较大的经济压力。

清洁生产从根本上扬弃了末端治理的弊端，它通过生产全过程控制，减少甚至消除污染物的产生和排放。这样，不仅可以减少末端治理设施的建设投资，也减少了其日常运转费用，大大减轻了组织的负担。

3.3 开展清洁生产是实现可持续发展战略的需要

随着经济增长与环境、资源矛盾的激化，在对过去经济发展模式进行重新反思之后，人类提出了可持续发展战略。可持续发展是一种从环境和自然资源角度提出的关于人类长期发展的战略和模式，它不是一般意义上所指的一个发展进程要求的在时间上连续运行、不被中断，而是特别指出环境和自然资源的长期承载能力对发展进程的重要性以及发展对改善生活质量的重要性。

1992年6月在巴西里约热内卢召开的联合国环境与发展大会上通过了《21世纪议程》。该议程制定了可持续发展的重大行动计划，并将清洁生产看作是实现可持续发展的关键因素，号召工业提高能效，开发更清洁的技术，更新、替代对环境有害的产品和原材料，实现环境、资源的保护和有效管理。清洁生产是可持续发展的最有意义的行动，是工业生产实现可持续发展的必要途径。

3.4 开展清洁生产是提高组织市场竞争力的最佳途径

实现经济、社会和环境效益的统一，提高组织的市场竞争力，是组织的根本要求和最终归宿。开展清洁生产的本质在于实行污染预防和全过程控制，它将给组织带来不可估量的经济、社会和环境效益。

清洁生产是一个系统工程，一方面它提倡通过工艺改造、设备更新、废物回收利用等途径，实现“节能、降耗、减污”，从而降低生产成本，提高组织的综合效益；另一方面它强调提高组织的管理水平，提高包括管理人员、工程技术人员、操作工人在内的所有员工在经济观念、环境意识、参与管理意识、技术水平、职业道德等方面的素质。同时，清洁生产还可有效改善操作工人的劳动环境和操作条件，减少生产过程对员工健康的影响，为组织树立良好的社会形象，促使公众对其产品的支持，提高组织的市场竞争力。

段落话题

企业开展清洁生产有何意义？

4 清洁生产与末端治理有何不同

清洁生产是污染控制的最佳模式，它与末端治理有着本质的区别，具体见以下。

（1）清洁生产体现的是以“预防为主”的方针

传统的末端治理侧重于“治”，与生产过程相脱节，先污染后治理。把环境责任只放在环保研究、管理等人员身上，仅仅把注意力集中在对生产过程中已经产生的污染物的处理上。具体对企业来说，只有环境保护部门来处理这一问题，总是处于一种被动的、消极的地位。而清洁生产侧重于“防”，从产生污染的源头抓起，引起研究开发者、生产者、消费者也就是全社会对对于工业产品生产及使用全过程对环境影响的关注。强调“源削减”，尽量使污染物产生量、流失量和治理量达到最小，资源充分利用，是一种积极、主动的态度。

（2）清洁生产实现了环境效益与经济效益的统一

传统的末端治理投入多、治理难度大、运行成本高，只有环境效益而无经济效益；

清洁生产则是从改造产品设计、替代有毒有害材料、改革和优化生产工艺和技术设备、物料循环和废物综合利用的多个环节入手，通过不断加强管理和技术进步，达到“节能、降耗、减污、增效”的目的。在提高资源利用率的同时，减少了污染物的排放量，实现了经济效益和环境效益的最佳结合，调动了组织的积极性。

清洁生产与末端治理的差异如图4-3所示。

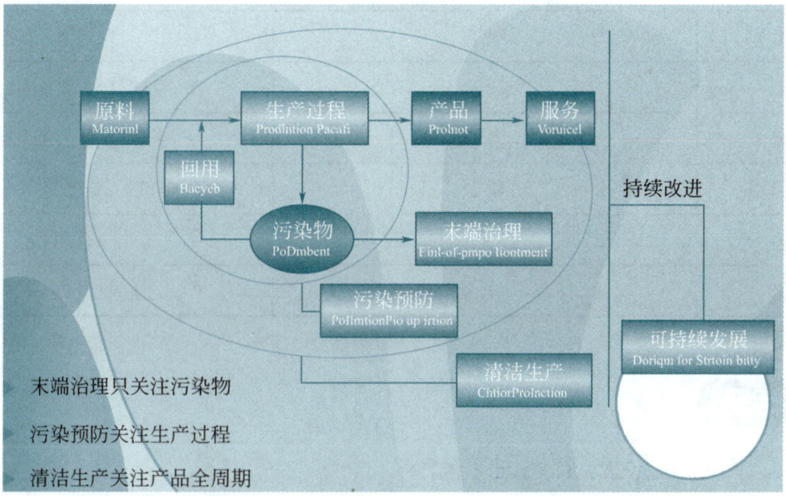

图4-3 清洁生产与末端治理的差异

5 清洁生产与末端治理有何联系

现有的污染治理技术还有局限性，使得排放的“三废”在处理、处置过程中对环境还有一定的风险性。如废渣堆存可能引起地下水污染，废物焚烧会产生有害气体，废水处理产生含重金属污泥及活性污泥等，都会对环境带来二次污染。但是末端治理与清洁生产两者并非互不相容，也就是说推行清洁生产还需要末端治理。这是由于：工业生产无法完全避免污染的产生，最先进的生产工艺也不能避免产生污染物；用过的产品还必须进行最终处理、处置。因此清洁生产和末端治理永远长期并存。只有共同努力，实施生产全过程和治理污染过程的双控制才能保证环境最终目标的实现。清洁生产与末端治理的比较见表4-1。

表4-1 清洁生产与末端治理的比较

比较项目	清洁生产系统	末端治理
思考方法	污染物消除在生产过程中	污染物产生后再处理
产生时代	20世纪80年代末期	20世纪70～80年代
控制过程	生产全过程控制，产品生命周期全过程控制	污染物达标排放控制
控制效果	比较稳定	受产污量影响处理效果
产污量	明显减少	间接可推动减少

续表

比较项目	清洁生产系统	末端治理
排污量	减少	减少
资源利用率	增加	无显著变化
资源耗用	减少	增加（治理污染消耗）
产品产量	增加	无显著变化
产品成本	降低	增加（治理污染费用）
经济效益	增加	减少（用于治理污染）
治理污染费用	减少	随排放标准严格，费用增加
污染转移	无	有可能
目标对象	全社会	企业及周围环境

段落话题

如何认识清洁生产与末端治理的关系？

课程总结

（1）清洁生产的定义及内涵。

（2）企业实施清洁生产的意义：是控制环境污染的有效手段、可大大减轻末端治理的负担、是实现可持续发展战略的需要、是提高组织市场竞争力的最佳途径。

（3）清洁生产与末端治理的关系：清洁生产是污染控制的最佳模式，但在推行清洁生产的同时还需要末端治理。

自我测试

（1）选择题

图4-4为某酒精生产厂的清洁生产工艺流程示意图，读图回答下列问题。

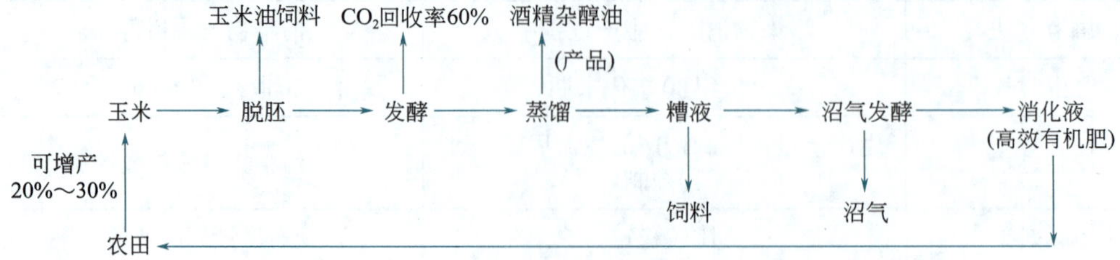

图4-4　某酒精生产厂的清洁生产工艺流程示意图

① 该酒精厂的厂址临近（　　）。

a. 原料产地　　b. 消费市场

c. 动力基地　　d. 科技发达地区

② 与该厂废弃物有关的环境空气问题是（　　）。

a. 酸雨　　b. 温室效应

c. 臭氧层空洞　　d. 扬尘

③ 实施清洁生产后，该厂（　　）。

a. 实现了无废弃物排放　　b. 生产重点转向对废弃物的综合利用

c. 隔断了与其他工厂的工业联系　　d. 从生产过程的每个环节减少对环境的污染

（2）判断题

① 清洁生产是指对污染物及时处理。（　　）

② 清洁生产是指使用清洁能源。（　　）

③ 清洁生产是指生产过程的清洁。（　　）

④ 清洁生产指从原料、生产制造、消费使用和废物处理全过程都是清洁的。（　　）

课程评估

要求在教师指导下，学生分组讨论完成下列课题。

提示清洁生产思路：废物在哪里产生（污染源）？→为什么会产生废物（原因分析）？→如何减少或消除废物（方案产生和实施）？

【任务1】 找出下列某啤酒厂清洁生产工艺流程中的各种污染源，然后将流程图（图4-5）补充完整。说明：问号处代表需要补充的综合治理措施。

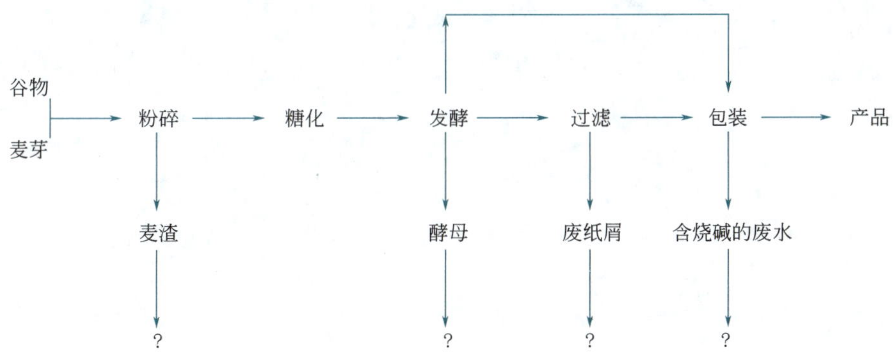

图4-5　某啤酒厂清洁生产工艺流程图

【任务2】 图4-6为某火力发电厂的工艺流程示意图，请以上题中啤酒厂的清洁生产工艺流程图为例，画出火力发电厂的清洁生产工艺流程图。

煤 → 燃烧 → 蒸汽 → 发电

图4-6　某火力发电厂工艺流程图

【任务3】 根据任务1和任务2，思考企业实施清洁生产后，从环境和经济角度来看，能给企业带来什么？

第五篇

安全标识、信息和器材实训

模块一
识别危险化学品的特性

本模块任务

① 认识危险化学品的危险性标志及包装储运图示标志；
② 认识化学品安全标签及作业场所化学品安全标签；
③ 通过化学品安全标签识别各类危险化学品的危险特性。

1 实训学时

2学时

2 实训器材

准备多种危险化学品的实验器材包，作业场所化学品安全标签，相应的消防器材和防护用品。

① 每个器材包中配备：相应的MSDS 1份，安全标签1张（不带包装标志和包装储运图示标志），包装物外形图片多种（20mm×25mm大小），（中国）危险货物包装标志两套（每套21种），包装储运图示标志两套（只需部分标志），实训操作记录表1张，以及纸卡1张（A 4大小）。危险化学品可选三硝基苯酚（纤维桶包装）、硝铵炸药（纸箱包装）、硝化纤维素（干）、液氯（钢瓶）、液氨（钢瓶）、氧气、正丁烷、丙酮（铁桶）、乙酸乙酯（铁桶）、涂料用硝化棉、红磷、铝粉、氯酸钾、双氧水、亚硝酸钠、氰化钠、丙烯酰胺、苯酚、硝酸、苯甲酰氯、溴、苯基三氯硅烷、氢氧化钠（片状）及甲醛溶液等。

② 每种化学品准备作业场所化学品安全标签2张，每组准备作业场所标签识别记录表1张。危险化学品可选乙醚、钠，浓硫酸、苯，液氯、苯，氧气、乙炔，一氧化碳及氢气等。

3 实训建议

分组训练，教室或实验室进行均可。

4 训练导语

针对危险化学品的各种作业，操作人员需要认识危险化学品的危险特性，在分析作业现场风险因素的基础上，找到防范措施，从根本上避免危险化学品风险的发生。识别危险化学品的危险特性，主要靠化学品安全标签。除外，还有化学品安全技术说明书（MSDS或CSDS）或国际化学品安全卡（ICSC）。

5 实训内容

5.1 认识危险化学品的危险性标志

危险化学品标志涉及（中国）危险货物包装标志、联合国危险货物运输标志和欧盟危险化学品标志三类。

（1）（中国）危险货物包装标志

（中国）危险化学品标志包括分类标志和包装标志。分类标志依据《危险化学品的分类及标志（GB 13690—92）》规定，包装标志依据《危险货物包装标志（GB 190—90）》规定。两个国家标准中标志的数目和编号有所不同，但标志图案反映的危险特性基本相同。分类标志和包装标志都是用于标识危险品的危险特性，危险货物包装标志使用更广。依《危险货物包装标志（GB 190—90）》，危险货物包装标志共有21个，并对应21个标志号，其中包括1个“杂类危险货物”包装标志，见本书附录三、1。

（2）联合国危险货物运输标志

危险货物运输标志也是用于标识危险品的危险特性。联合国危险货物运输标志共有25个标志。见本书附录三、2。在国际危险货物运输中，识别货物危险性的标志通常采用国际通用危险货物运输标志，见本书附录三、3。

（3）欧盟危险化学品标志

欧盟危险化学品标志7个，其他危险标志3个，见本书附录三、4。

5.2 认识包装储运图示标志

（中国）货物包装储运图示标志，执行国家标准《包装储运图示标志（GB 191—2000）》的有关规定。这里列出有10个与危险化学品有关的包装储运图示标志，见表5-1。

表5-1 与危险化学品有关的包装储运图示标志

序号	标志名称/含义	标志图形	序号	标志名称/含义	标志图形
1	易碎物品 含义：运输包装件内装易碎品，因此搬运时应小心轻放		8	禁止翻滚 含义：不能翻滚运输包装	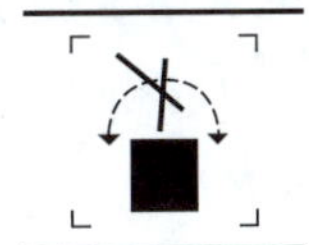
2	禁用手钩 含义：搬运运输包装件时禁用手钩		9	此面禁用手推车 含义：搬运货物时此面禁放手推车	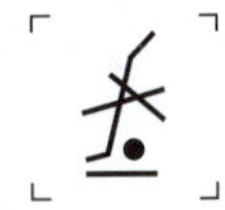
3	向上 含义：表明运输包装件的正确位置是竖直向上		10	禁用叉车 含义：不能用升降叉车搬运的包装件	
4	怕晒 含义：表明运输包装件不能直接照晒		15	禁止堆码 含义：不能堆码并且其上也不能放置其他负载	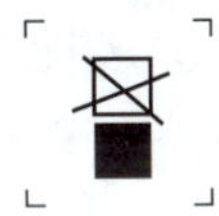
6	怕雨 含义：包装件怕雨淋		17	温度极限 含义：表明运输包装件应该保持的温度极限	

5.3 认识化学品安全标签

（1）化学品安全标签

如氯化学品安全标签，如图5-1所示。

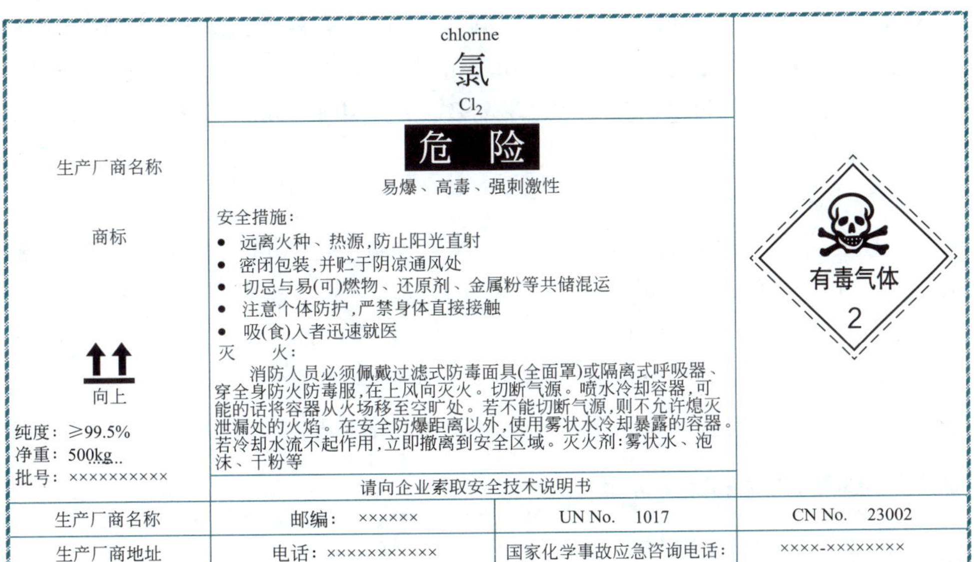

图5-1 氯化学品安全标签

（2）化学品安全标签显示信息

化学品安全标签是指危险化学品在市场上流通时，由供应者提供的附在化学品包装上的、用于提示接触危险化学品的人员的一种标识。

① 编号。标明联合国危险货物编号和中国危险货物编号，分别用UN No.和CN No.表示；

② 危险性标志。用危险性标志表示各类化学品的危险特性，每种化学品最多可选用两个标志；

③ 警示词。根据化学品的危险程度和类别，用“危险”、“警告”、“注意”三个词分别进行高度、中度、低度危害的警示。警示词与化学品危险性类别的对应关系，见表5-2；

④ 危险性概述。简要概述化学品燃烧爆炸危险特性、健康危害和环境危害，居警示词下方；

⑤ 安全措施。表述化学品在处置、搬运、储存和使用作业中所必须注意的事项和发生意外时简单有效的救护措施等，要求内容简明扼要、重点突出；

表5-2　警示词与化学品危险性类别的对应关系

警示词	化学品危险性类别
危险	爆炸品、易燃气体、有毒气体、低闪点液体、一级自燃物品、一级遇湿易燃物品、一级氧化剂、有机过氧化物、剧毒品、一级酸性腐蚀品
警告	不燃气体、中闪点液体、一级易燃固体、二级自燃物品、二级遇湿易燃物品、二级氧化剂、有毒品、二级酸性腐蚀品、一级碱性腐蚀品
注意	高闪点液体、二级易燃固体、有害品、二级碱性腐蚀品、其他腐蚀品

⑥ 灭火。化学品为易（可）燃或助燃物质，应提示有效的灭火剂和禁用的灭火剂以及灭火注意事项；若化学品为不燃物质，此项可略；

⑦ 应急电话。企业应急电话和国家化学品登记注册中心事故应急热线电话。

另外，还有批号、提示、生产厂家等。

（3）安全标签、工商标签组合

安全标签是从安全管理的角度提出的，但化学品在进入市场时还需要有工商标签、运输时还需有危险货物储运图示标志。为减少重复，可将安全标签、工商标签和储运图示标志结合。三种标签合并印刷时，安全标签应占整个版面的1/3～2/5。例如，水合肼为第8类中碱性腐蚀品，包装上标签就整合了三种标签的内容，即储运标志、腐蚀品标志和有毒品标志。在某些特殊情况下，安全标签可单独印刷。

5.4　认识作业场所化学品安全标签

（1）作业场所化学品安全标签

作业场所二氯乙烷化学品安全标签，见图5-2。

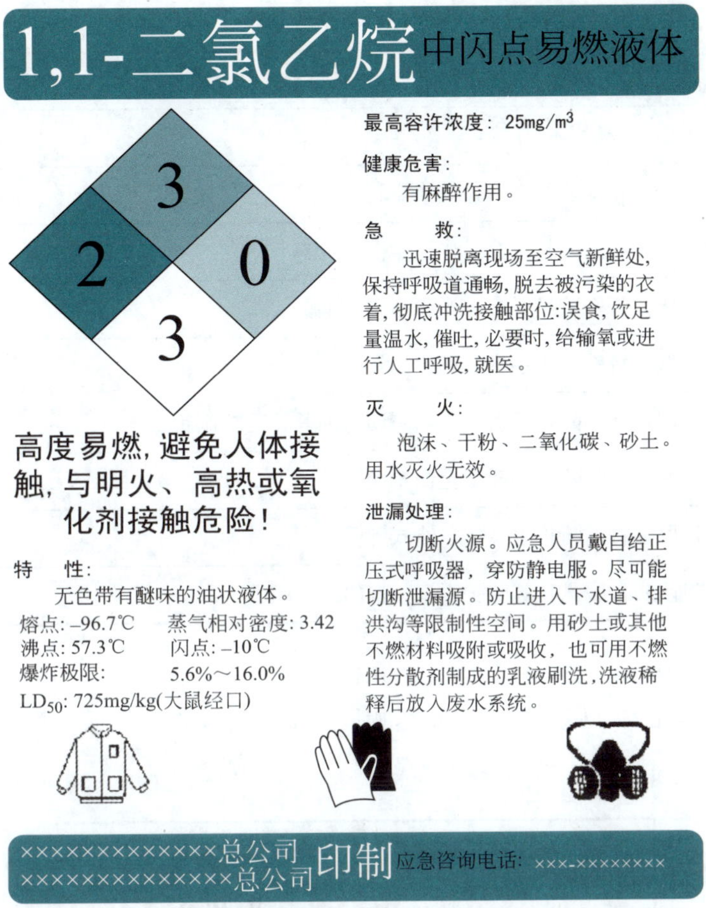

图5-2　作业场所二氯乙烷化学品安全标签

（2）作业场所化学品安全标签信息

作业场所化学品安全标签中，危险性分级标志，如图5-3所示。在危险性分级标志中，白色方块表示个体防护措施的等级，它是指在生产、操作处置、搬运和使用危险化学品的作业过程中，为保护作业人员免受化学品危害而采取的保护方法和手段，主要包括工程呼吸系统防护、眼睛防护、手、脚和全身防护。防护级别共分9级。见表5-3。

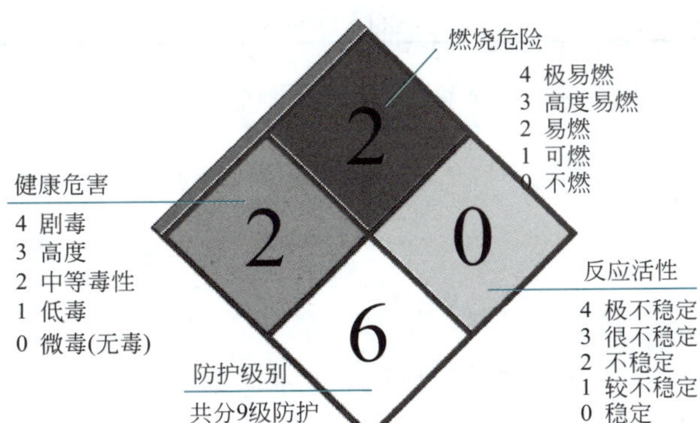

图5-3　作业场所化学品危险性分级标志

表5-3 防护级别表

级别	防护措施
1	防护服，一般防护手套
2	防护服，特殊防护手套，防护眼镜
3	防护服，特殊防护手套，半面罩防毒面具
4	防护服，特殊防护手套，半面罩防护面具
5	防护服，特殊防护手套，防尘口罩
6	防护服，特殊防护手套，半面罩防毒面具，防护眼镜
7	防护服，特殊防护手套，全面罩防毒面具
8	防护服，特殊防护手套，自给式呼吸器
9	全封闭防毒服，特殊防护手套，自给式呼吸器

（3）作业场所化学品安全标签的其他式样

作业场所化学品安全标签的式样不尽相同。如国外某作业场所硫酸化学品安全标签，见图5-4所示。

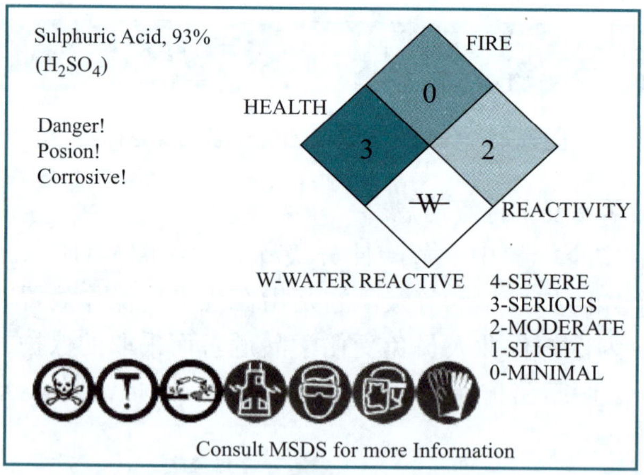

图5-4 国外某作业场所硫酸化学品安全标签

6 实训评估

6.1 口头测试

提示口试题目可做成多媒体材料，用视频展示，或直接用图片提问。

① 液化石油气气瓶上采用哪个（中国）危险货物包装标志？

② 二氯乙烷包装上采用哪个（中国）危险货物包装标志？

③ 国产工业硝酸钠的包装袋外形见图5-5，其包装袋上有一个包装标志，两个包装储运图示标志，各代表什么含义？

④ 包装储运图示标志 ，表示什么含义？

⑤ 结合图5-1中氯化学品安全标签，说明其中显示的内容。

⑥ 结合图5-2作业场所二氯乙烷化学品安全标签，说明其中显示的内容。

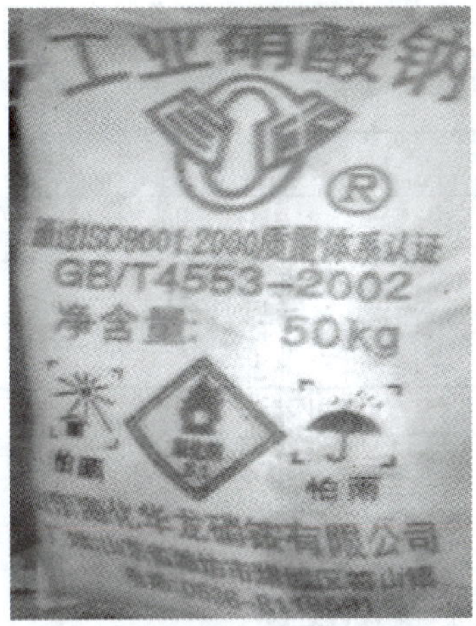

图5-5 国产工业硝酸钠的包装袋外形

6.2 情景训练

【任务1】利用化学品安全标签识别各类危险化学品特性

实训组织 2人一组，每组1个危险化学品实验器材包，危险化学品的实验器材包可在组间传做。组内，1人识别，1人记录，做第二轮时交换。

实训要求 识别者根据危险化学品实验器材包中的物品名和MSDS，选择适当包装物外形图、危险性标志和包装储运图示标志，完善安全标签（即选择的包装物外形图、危险性标志和包装储运图示标志放到安全标签的适当位置，并用卡纸固定）。记录者在器材包中的实训操作记录表上，记录相应内容，见表5-4。

表5-4 实训操作记录表

物品名称： 组别：

实训序号	识别者	选择的包装物名称（或代号）	选择的危险性标志名称（或代号）	选择的包装储运图示标志名称（或代号）	记录者
1					
2					

① 学生根据完善安全标签的操作和记录纸的记录，进行评议；

② 教师就物品的危险特性进行提问，并作总结性评价。

【任务2】利用作业场所化学品安全标签识别各类危险化学品特性

实训组织 8人一组；每组2张作业场所化学品安全标签，可在组间传做。组内可共同讨论，1人记录。

实训要求 根据作业场所化学品安全标签，指出标签所指危险化学品的主要危险特性，找出需要准备消防器材和防护用品，并将结果记录在作业场所标签识别记录表上，见表5-5。

表5-5 作业场所标签识别记录表

物品名称：　　　　　　　　　　　　　　　　　　组别：

主要危险特性	需准备的消防器材	需准备的防护用品	记录者

① 学生根据完善安全标签的操作和记录纸的记录，进行评议；

② 教师就物品的危险特性进行提问，并作总结性评价。

7 实训反馈

未解决的问题	有效措施

模块二
识别安全色和安全标志

本模块任务

① 正确识别安全色的含义；
② 正确识别安全标志的含义；
③ 能够根据安全标志采取必要的安全防护措施。

1 实训学时

2学时

2 实训器材

安全标志图例

3 实训建议

分组训练

4 训练导语

安全色是传递安全信息含义的颜色，用以表达禁止、警告、指令、指示等。应用安全色能够使人们对威胁安全和健康的物体和环境做出尽快地反应，以减少事故的发生。安全色具有广泛的用途，如用于安全标志、交通标志、防护栏杆、机器危险部件或禁止乱动的部位等。通常安全色用相应的对比色进行反衬使其更加醒目。

安全标志是用以表达特定安全信息的标志，由图形符号、安全色、几何形状（边框）或文字构成。使用安全标志的目的是提醒人们注意不安全的因素，预防事故的发生，起到保障安全的作用。

安全标志在安全管理中的作用非常重要，广泛应用于工矿企业、建筑工地、厂内运输和其他有必要提醒人们注意安全的场所，及时提醒从业人员及相关人员注意到环境中的危险因素，加强自身安全保护，避免事故的发生。《中华人民共和国安全生产法》第二十八条规定，生产经营单位应当在有较大危险因素的生产经营场所和有关设施、设备上，设置明显的安全警示标志。安全警示标志必须符合国家标准，不准擅自移动和拆除。值得注意的是，安全标志本身不能消除任何危险，也不能取代预防事故的相应设施。

5 实训内容

5.1 识别安全色

（1）安全色

根据GB 2893—2001《安全色》使用导则，安全色包括红色、黄色、蓝色、绿色四种颜色。

① 红色。表示禁止、停止、危险以及消防设备的意思。凡是禁止、停止、消防和有危险的器件或环境均应涂以红色的标记作为警示的信号。

a. 各种禁止标识（参照本书附录四GB 2894—1996《安全标志》中禁止标志）；

b. 道路交通禁令标识（参照GB 5768—1999《交通安全标志和标线》）；

c. 消防设备标识（参照GB 13495—92《消防安全标志》）；

d. 机械的停止按钮、刹车及停车装置的操纵手柄；

e. 机器转动部件的裸露部分，如飞轮、齿轮、皮带轮等轮辐部分；

f. 指示器上各种表头的极限位置的刻度；

g. 各种危险信号（灯）旗等。

② 黄色。表示提醒人们注意。凡是警告人们注意的器件、设备及环境都应以黄色表示。

a. 各种警告标志（参照本书附录四GB 2894—1996《安全标志》中警告标志）；

b. 道路交通标志和标线（参照GB 5768—1999《交通安全标志和标线》）；

c. 警戒标记，如危险机器和坑池周围的警戒线等；

d. 各种飞轮、皮带轮及防护罩的内壁；警告信号（灯）旗等。

③ 蓝色。表示指令，要求人们必须遵守的规定。

a. 各种指令标志（参照本书附录四GB 2894—1996《安全标志》中指令标志）；

b. 交通指示车辆和行人行驶方向的各种标线等标志（参照GB 5768—1999《交通安全标志和标线》公路标线图）。

④ 绿色。表示给人们提供允许、安全的信息。

a. 各种提示标志（参照本书附录四GB 2894—1996《安全标志》中提示标志）；

b. 车间厂房内的安全通道、行人和车辆的通行标志、急救站和救护站等；

c. 消防疏散通道和其他安全防护设备标志；

d. 机器启动按钮及安全信号旗等。

（2）对比色

安全色与对比色同时使用时，可使其更加醒目。一般应按表5-6规定搭配使用。

表5-6 安全色和对比色

安全色	相应的对比色	安全色	相应的对比色
红色	白色	黄色	黑色
蓝色	白色	绿色	白色

注：黑色与白色互为对比色。

① 黑色。黑色用于安全标志的文字、图形符号和警告标志的几何边框。

② 白色。白色作为安全标志红、蓝、绿的背景色，也可用于安全标志的文字和图形符号。

③ 红色与白色相间的条纹。表示禁止人们进入危险的环境，如公路、交通等方面所使用防护栏杆及隔离墩表示禁止跨越；固定禁止标志的标志杆下面的色带。

④ 黄色与黑色相间的条纹。表示提示人们要特别注意，如各种机械在工作或移动时容易碰撞的部位。

⑤ 蓝色与白色相间条纹。用于指示方向，多为交通指导性导向标，如交通上的指示性导向标志。

⑥ 绿色与白色相间的条纹。与提示标志牌同时使用，更为醒目地提示人们。

（3）安全线

工矿企业中用以划分安全区域与危险区域的分界线。厂房内安全通道的表示线，铁路站台上的安全线都是常见的安全线。根据国家有关规定，安全线使用白色，宽度不小于60mm。在生产过程中，有了安全线的标示，我们就能区分安全区域和危险区域，有利于我们对安全区域和危险区域的认识和判断。

5.2 识别安全标志

根据GB 2894—1996标准规定，安全标志分禁止标志、警告标志、指令标志和提示标志四大类型，所用的颜色应符合GB 2893规定的颜色。

（1）禁止标志

禁止标志的含义是禁止人们不安全行为的图形标志，有禁止吸烟、禁止烟火等23种。其基本形式是带斜杠的圆边框，如图5-6所示。（注：图形为黑色，禁止符号与文字底色为红色）

图5-6 禁止标志

段落话题

你知道还有哪些禁止标志吗?

（2）警告标志

警告标志的基本含义是提醒人们对周围环境引起注意，以避免可能发生危险的图形标志，共28种。警告标志的基本形式是正三角形边框，如图5-7所示。（注：图形、警告符号及文字为黑色，图形底色为黄色）

图5-7 警告标志

段落话题

你知道还有哪些警告标志吗?

（3）指令标志

指令标志的含义是强制人们必须做出某种动作或采用防范措施的图形标志，共12种。指令标志的基本形式是圆形边框，如图5-8所示。（注：图形为白色，图形底色为蓝色）

图5-8　指令标志

段落话题

你知道还有哪些指令标志吗?

（4）提示标志

提示标志的含义是向人们提供某种信息（如标明安全设施或场所等）的图形标志，共4种。提示标志的基本形式是正方形边框，如图5-9所示。（注：图形和提示文字为白色，底色为绿色）

图5-9　提示标志

提示标志提示目标的位置时要加方向辅助标志。按实际需要指示左向或下向时，辅助标志应放在图形标志的左方，如指示右向时，则应放在图形标志的右方，如图5-10所示。

图5-10　方向辅助标志示例

段落话题

你知道还有哪些提示标志吗?

（5）文字辅助标志

文字辅助标志的基本形式是矩形边框，有横写和竖写两种形式。禁止标志、指令标志为白色字；警告标志为黑色字。禁止标志、指令标志衬底色为标志的颜色，警告标志衬底色为白色，如图5-11。

图5-11　文字辅助标志

6 实训评估

6.1 口头测试

① 某车间设置的安全标志如图5-12所示，应该分别用什么颜色表示？

图5-12　某车间安全标志

② 如图5-13所示的安全标牌应该分别用哪些颜色表示？

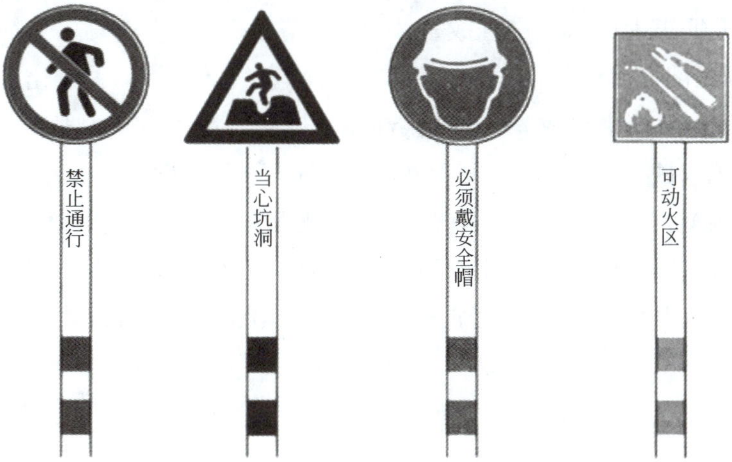

图5-13　安全标牌

③ 化工车间苯作业岗位职业病危害告知卡如图5-14所示。图中的安全标志说明需要哪些安全防护措施？厂房内安全通道的表示线应为什么颜色？如果车间内上方有设备维修，应该使用哪种颜色的隔离带？该车间内还应该设置哪些安全标志以提醒人们提高安全意识，避免事故的发生？

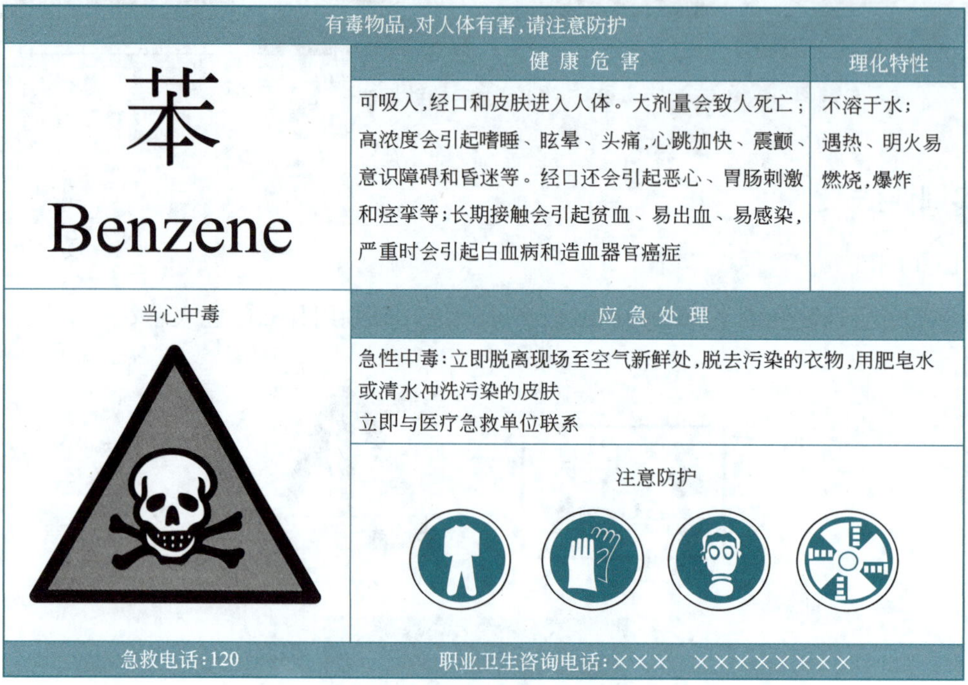

图5-14　苯作业岗位职业病危害告知卡

6.2　情景训练

【任务】对以下案例进行危险因素分析，根据表5-7中所列项目填写分析结果。讨论生产车间应设置哪些安全标志？

案例　以无烟煤为原料生产合成氨。生产工艺如下。① 造气：无烟煤中通入空气（氧气）和蒸汽，部分燃烧气化成为半水煤气（由氢气、氮气、二氧化碳、一氧化碳和少量硫化氢、氧气及粉尘组成）；② 变换净化：原料气通过电除尘器除去粉尘进入压缩机加压，经脱硫（脱除硫化氢）、变换（将一氧化碳转化为氢和二氧化碳）、脱碳（吸收脱除二氧化碳）后，再次加压进入铜洗塔（用醋酸铜氨液）和碱洗塔（用苛性钠溶液）进一步除去原料气中的一氧化碳和二氧化碳，获得纯氢气和氮气混合气体；③ 合成：净化后的氢氮混合气经压缩机加压至30 ～ 32MPa进入合成塔，在铁触媒存在下高温合成为氨。

表5-7 危险因素分析表

风险因素	安全标志	设置部位

7 实训反馈

实训结束后未解决的技能问题	如何采取有效措施解决

模块三
识读安全信息

本模块任务

① 能够说明使用化学品安全技术说明书的作用；
② 能利用化学品安全技术说明书描述化学品的主要危害；
③ 能利用化学品安全技术说明书描述处理化学品时所需要的防护措施；
④ 能利用化学品安全技术说明书描述发生化学品事故时所需要采取的措施。

1 实训学时

2学时

2 实训器材

每个学生一份甲醇的安全技术说明书

3 实训建议

分组训练

4 训练导语

安全信息是识别与控制危险的依据。当我们对工艺系统进行危害分析时，需要了解工艺系统所涉及的化学品的特性。化学品安全技术说明书（MSDS）是获取化学品相关信息非常重要的途径。在使用任何化学品前，最好事先阅读MSDS，以便了解它存在的危害及正确的处理方法。你可以在http：//www.anquan.com.cn上查询到各种化学品的MSDS。

化学品安全技术说明书（MSDS）定义：是一个有详细信息的文件，它为操作工和处理紧急状况人员提供了处理或使用化学品的适当程序。MSDS提供了各种信息如：物理和化学性质数据（熔点、沸点、闪点、反应活性等）、毒性、对健康的影响、紧急状况和急救程序、储存、处置、防护装备、接触途径、控制措施、安全处理和使用的注意事项以及飞溅或泄漏的处理。MSDS中的信息为选择安全产品提供帮助。如果产生飞溅或其他事故，MSDS是主要的处理依据。

关于提供MSDS的法规要求：企业必须为工厂中用到的每一种有害化学品提供完整

的MSDS。企业在购买该物质时有权得到相关信息。当有关于某一产品的有害性或防护方法的新的、重要的信息时，供应商必须在三个月内把它加入MSDS并在下一次运送该化学品时提供给客户。企业必须有工作场所使用的每一种有害化学品的MSDS。虽然MSDS不必直接附在货物上，但其必须与送货同时或在其之前送达。如果供应商没能够把标有有害化学品的货物的MSDS及时送达，公司必须尽快从供应商处得到MSDS。同样，如果MSDS不完整或不清晰，公司也应与供应商沟通来澄清或补充信息。此沟通过程应设置记录。

5 实训内容

每一种化学品的MSDS都包括16项内容。这16项按其表述的内容，又可分为4部分。下面以甲醇为例，说明怎样识读MSDS。

（1）产品信息

产品信息指出，是什么物质？有什么害处？第一至第三项为产品基本信息，包括生产商信息、产品成分、接触限度、危险性警告和健康危害。

第一项：化学产品及公司标识。化学名称——完全按照该化学品储存容器上的标识拼写（通用名或众所周知的同义名称也应列出）；生产商名称、地址、紧急电话；MSDS填写日期或最新版本日期。

第二项：列出单独有害或与其他成分在一起有害的成分。

第三项：为紧急响应人员（救火人员、急救人员）和其他必须知道所涉及的危害的相关人员提供介绍。① 特性：颜色、形状、气味、蒸气以及其他容易辨别的物理特性。直接的紧急危害：毒性、易燃性、腐蚀性、爆炸性或其他危害。② 潜在的健康影响：侵入途径—接触、吸入或摄取；表现症状—急性的（短期的）和慢性的（长期的）健康影响；致癌效应。③ 长期健康影响：对长期潜在的健康影响方面的警告——癌症、肺或生殖系统问题。

段落话题

甲醇有哪些危害？

（2）事故情形

事故情形指出，当工作中有这种物质存在，如果产生问题时，你该怎么办？第四至第六项包括急救信息和当发生火灾、飞溅或泄漏时应采取的措施。

第四项：急救措施。对意外接触或过度接触该化学品的医疗和急救措施的描述。列出各种已知的有助于救治的解毒剂。

第五项：救火措施。化学品的易燃性；该物质火灾或爆炸的危害以及发生火灾或爆炸的条件——如何发生或快速蔓延；为救火队员、紧急响应人员、雇员以及职业健康和安全专业人员提供基本的救火指导；适当的灭火器（泡沫、二氧化碳等）；燃烧副产物的危害；所需的救火防护服和呼吸保护措施。

第六项：意外释放。产生飞溅、泄漏情况时，紧急响应人员、环保专业人员以及现场人员的响应程序；撤退程序、封堵和清除技术、需要的应急设备以及其他对响应人员的健康、安全和对环境的保护措施；化学品泄漏后应提交的报告和其他特殊程序。

段落话题

当你使用甲醇试剂时，不小心溅入眼睛里，如何处理?

（3）危害预防和个人防护

应该采取哪些措施来防止问题的发生。第七至第十项讲述了如何通过安全操作和储存来预防事故以及如何保护自己防止与化学品接触。

第七项：操作和储存。描述了操作的预防措施和方法，以避免释放到环境中或工人与物料过度接触；说明储存类别的要求，防止意外释放或着火，防止与其他物质产生危险的反应——避免容器损坏，不要与不相容的物质接触，避免蒸发或分解，避免在储存区产生可燃或爆炸条件。

第八项：接触控制和个人防护措施。减少工人与有害物质接触的方法；接触控制包括工程控制（通风、隔离、围栏）、管理控制（培训、标识、警告措施）；提供个人防护装备指导——手套、防护服、安全眼镜等。

第九项：物理和化学性质。列出特定数据来帮助使用者认识该物质的各种表现以便确定安全操作程序和适当的个人防护设备。该特定数据包括颜色、味道、物理状态、蒸气压、蒸气密度、沸点和凝点、水中的溶解度、pH值、比重或密度、热值、粒径、蒸发速率、挥发性有机物组成、黏度、相对分子质量、分子式。

第十项：稳定性和反应活性。可能产生有害化学反应的条件及应避免的情况。

段落话题

（1）当你使用甲醇时，应穿戴何种个人防护装备?

（2）甲醇的熔点、沸点、职业接触限值MAC（中国）、闪点及爆炸上、下限如何?

（4）其他特定信息

第十一至第十六项为其他信息，包括生态危害、废弃处置和运输注意事项、法规要求和毒理学实验数据。

段落话题

甲醇可以与氧化剂、酸类一起运输吗?

6 实训评估

6.1 口头测试（使用硫酸的MSDS回答下列问题）

（1）哪种类型的化学产品可以与硫酸一起储存？

a. 碱　　　　b. 具有还原性的物质

c. 高度易燃的化学品　　　　d. 其他酸

（2）在制备硫酸时，下列哪种说法是正确的？

a. 将水加到硫酸中

b. 小心地将硫酸添加到水中制备

c. 怎样制备都可以，无操作程序

d通过专门人员来制备

（3）你遇到硫酸大量泄漏事故，应该立即做什么？

a. 呼叫（化学急救）并立即撤离该区域

b. 穿上特殊的防护服检查现场

c. 采取堵住硫酸泄漏的措施

d. 尽可能将硫酸稀释后，再处理

（4）扑灭硫酸引起的火灾，下列哪种方法正确？

a. 干粉　　　　b. 干粉和二氧化碳

c. 干粉、二氧化碳和水　　　　d. 干粉、二氧化碳、水和沙土

（5）如果大量硫酸溅到你的身上，你应当怎样做？

a. 求助医生

b. 跑到通风处，呼吸新鲜空气，呼叫医生

c. 先冲淋，再脱下衣服，呼叫医生

d. 先脱下衣服，再冲淋，呼叫医生

6.2 分组讨论（阅读苯胺和丙酮的MSDS，填写下列项目）

（1）正确填写表5-8中的信息

表5-8 安全数据表

项目	苯胺	丙酮
熔点/℃		
闪点/℃		
引燃温度/℃		
爆炸上、下限/%		
溶解性		
半数致死量LD_{50}/（mg/kg）		
职业接触限值（中国MAC）		
沸点/℃		

（2）正确填写苯胺及丙酮的安全信息

苯胺

危险性：____。

引发的风险：____。
防护措施：____。
正常操作防护与泄漏防护的区别：______________________。
丙酮
危险性：____。
引发的风险：____。
防护措施：____。
大量泄漏时采取的防护措施：__________________________。

（3）使用一氧化碳的MSDS，进行案例分析

当你在合成氨装置区进行巡检，恰好进入一氧化碳高浓度区域时，发现有位操作工倒在地上，此时你怎样处理？

7 实训反馈

实训结束后未解决的技能问题	如何采取有效措施解决

模块四
个人防护装备

本模块任务

① 认识常见的个人防护装备；
② 能够根据工作情境正确选择个人防护装备；
③ 能够正确使用及良好维护个人防护装备。

1 实训学时

4学时

2 实训器材

安全帽、安全眼镜、工作鞋、听力保护装置、工作服、呼吸保护装置、手套。

3 实训建议

分组训练

4 训练导语

公司为保护员工免受危险物质危害的主要方法是进行安全管理控制。但任何控制方法对于危害的预防都不是绝对恰当和足够有效的。当工程控制不可行时，员工需要采用个人防护装备。评价工作场所以确定是否存在或可能存在风险，从而选择合适的个人防护装备来满足防护的需要。公司有责任为员工提供个人防护装备，以保护其免受工作场所危险源的伤害。那么，公司具体的责任是什么呢？

① 确定合适的个人防护装备要基于工作任务或工作区的危害性。
② 提供需要的个人防护装备，并确保其是有效的。
③ 实施个人防护装备的正确使用。
④ 保持个人防护装备的清洁和可靠。

同时，员工必须接受个人防护装备的培训。具体内容包括：

① 何时需要个人防护装备？
② 需要什么样的个人防护装备？
③ 如何正确穿、戴和替换个人防护装备？
④ 正确的管理、保养和处置个人防护装备。

5 实训内容

个人防护装备的认识、选择与维护

① 头部防护描述。安全帽作为一种个人头部防护用品，能有效地防止和减轻操作人员在生产作业中遭受坠落物体或自坠物体对人体头部的伤害。安全帽由帽壳、帽衬、下颚带、后箍等部件组成。从材质上看，由低压聚乙烯、ABS（工程塑料）、玻璃钢、橡胶以及竹藤等各种不同材料制作而成。使用安全帽时，首先要选择与自己头型适合的安全帽，佩戴前要仔细检查合格证、使用说明、使用期限（根据材质而定）。不能随意对安全帽进行拆卸或添加附件，以免影响其原有的防护性能。

安全帽在使用过程中会逐渐损坏，要经常进行外观检查。如果发现帽壳与帽衬有异常损伤、裂痕等现象，就不能再使用，应当更换新的安全帽。安全帽需放置在通风干燥的地方，远离热源，不受日光直射。

段落话题

如果一顶安全帽超过了使用期限，但从未使用过还是崭新的，你是否能继续使用？

② 眼睛和面部防护描述。当员工处在有潜在危险源的工作场所时，如飞溅的微粒、熔融的金属、化学液体、酸或腐蚀性液体、化学气体或蒸汽以及光辐射，要求使用眼部和面部保护用品。防护用品描述及编号见表5-9。

表5-9 眼睛及面部防护用品描述及编号

类别	危险源	危险评估	防护措施	防护用品描述（按表注编号）
冲击	破碎 碾磨 机械加工 石工工作 木工 锯 钻 凿 动力结扎 铆接 砂纸打磨	飞溅碎屑，物体，大碎片，沙粒，灰尘等	带侧部防护的眼镜、护目镜。严重情况下，要用面罩	a、b、c、d、f、g
热	炉子操作 浇铸 铸造 热浸 焊接	热火花	护目镜、带侧部防护的眼镜。严重情况下要用面罩	a、b、c、f、g
		熔融金属飞溅	护目镜加面罩	c、g
		曝露于高温	带屏面罩、反射面罩	g

续表

类别	危险源	危险评估	防护措施	防护用品描述（按表注编号）
化学物质	操作酸和化学品电镀	飞溅	护目镜、洗眼杯。严重情况下用面罩	b、c、g
		刺激性雾气	特殊用途护目镜	b
灰尘	木工、抛光、一般含灰尘环境	灰尘	护目镜、洗眼杯	b、c、f
光和（或）辐射	焊接：电弧	光学辐射	焊接头盔或焊接面罩	h
	焊接：气焊	光学辐射	焊接护目镜或焊接面罩	e、h
	切割、吹管焊接	光学辐射	眼镜或焊接面罩	a（建议带过滤镜片）、e、h
	闪光	糟糕的视觉	带有色眼镜或特殊用途镜片	a

注：a.安全眼镜，带侧部防护。
b.护目镜，无排气。
c.护目镜，非直接排气。
d.护目镜，直接排气。
e.护目镜，用于焊接。
f.护目镜，防碎屑。
g.面罩，塑料或网眼型，透镜或反射镜片。
h.头盔，用于焊接。带固定窗口或前端活动的窗口。

每次工作之后要清洁你的安全眼镜。可以用软性肥皂清洗眼镜。由于大多数安全护目镜都带有特殊的防雾镜片，所以必须避免被坚硬的物体刮伤或损坏表面的防雾涂层。应特别注意要用眼镜盒来储藏安全眼镜。

段落话题

当你处理化学品时，隐形眼镜可以作为安全眼镜使用吗？

③ 身体防护描述。员工在有危险物质存在的环境中或机器旁工作时，不要穿松开的衣服或梳长发。松开的衣服、珠宝饰物和长发会陷入传动装置里或接触到化学品。工作服是为了防护你的日常衣服免受污物沾染。例如，防止较小的化学品飞溅或毒物粉尘，不会随你一起被带回家。工作服可以较好地保护你的衣服免受污染。

普通的工作服对于颗粒物或飞溅的化学品虽然会立即隔离，但不能完全抵制液体的渗透。当使用液体药剂或腐蚀剂时，应使用乙烯基的或橡胶材质的工作裙和袖套。

化学防护服的选择是安全或工业卫生专家遇到的较困难的问题之一。防护服必须对各种化学危险品提供防护。专业人员在为特定任务选择防护服时要考虑多重变量，这些包括潜在的或实际的化学品暴露、化学品毒性和化学防护服自身性能等信息。

工作服要保持清洁，随时检查并确认工作服是否处于良好状态。洗好的衣服储藏在洁净、干燥的衣柜中。

段落话题

化学防护服何时使用?

④ 手部防护描述。当存在潜在的手部暴露危险时，包括对有害物质的吸收、严重的切削、磨损、刺破、化学烧伤、热灼伤和有害的极限温度，员工必须使用手部防护。应该让受过训练的专业人士，根据手部防护的特点以及要完成的任务，现场条件，使用时间和已辨识的危险（包括潜在的危险），选择正确的手部防护，要寻求减少化学品与手套接触时间的方法。具体选择见表5-10、表5-11。

表5-10　手部防护描述（一）

危险	手套类型
轻负荷	棉、皮或Kevlar（搬箱子等）
中等负荷	皮或Kevlar（木头、小片粗糙玻璃等）
重负荷	Kevlar（暴露于尖锐的或锯齿状金属、玻璃、切割刀具等）
高温	绝热手套
低温	绝热手套
冷冻	低温手套（必须伸长到手腕以上且不能有弹性材料）
电	对于高压维护，使用适当的防护用品
化学物质	根据化学危险等级和使用频率选择适当的防护用品（见表5-11）

表5-11　手部防护描述（二）

化学危险等级	使用频率		
	不使用	偶尔使用	经常使用
低危险化学品	①	低危险化学品	①
中等危险化学品	②	中等危险化学品	②
高危险化学品	③	高危险化学品	③

注：表5-11中的数字表示如下：① 使用灵巧的手套（材料不重要）；② 使用操作需要的灵巧手套（要考虑化学品渗透和手套等级的降低）；③ 使用有效防护化学品的手套作为首要考虑。

每次使用前，要对手套的变色、刺孔和开口裂纹进行检查。在调换或清洗之前要看手套的透水性，要对手套的颜色和质地的任何一种变化进行观察，包括硬度和柔软性，这些都会表明手套是否退化。储藏时，不要将手套的里面翻在外面，应该使表面的化学物质挥发且避免阳光直射。

段落话题

手套是否可以长时间浸没在化学品中？为什么？

⑤ 足部保护描述。对工作在具有潜在足部伤害危险场所的员工，要求采取足部防护。穿着坚固耐用的安全鞋可以预防坠落物体或滚落物体以及刺穿鞋底的物体对足部的伤害。如果一项工作不是经常性（一周小于一次）存在足部危害，但存在严重的伤害可能性，其结果是骨折，这时，也必须要穿安全鞋。

定期清洁安全鞋，使用前仔细检查安全鞋周围是否有损坏。

⑥ 呼吸防护描述。在任何可行的条件下，公司必须采取工程控制来预防粉尘、尘雾、毒气、烟雾、喷雾和有毒蒸气。当工程控制失效时，公司应向员工提供呼吸保护装置，呼吸保护装置必须具有适应性并且满足特定的目的。典型的呼吸保护装置包括化学滤盒呼吸器、颗粒物呼吸器、防毒面具、供气式呼吸器等。化学滤盒呼吸器属于空气净化型呼吸器，被用于防止浓度相对较低的特定化学品的呼吸器。颗粒物呼吸器是用来防尘、薄雾、烟和其他颗粒的呼吸器。防毒面具和化学滤盒呼吸器相似，它可以是动力型或非动力型。但是，在应急救援状态必须使用全脸式面罩。防毒面具能用来防止特殊化学品如氨、氯、酸性气体、有机蒸气、一氧化碳、二氧化硫和杀虫剂等多类的化学品。供气式呼吸器即通常所知的空气管线呼吸器或大气供应呼吸器。空气供给或者是通过连续的气流，或者是根据压力的需要。在使用供气式呼吸器时，一根导管从呼吸气源连接到使用者。这些装置必须配有面罩或口罩。

段落话题

消防员使用何种呼吸保护装置？为什么？

⑦ 听觉防护描述。工作环境中高强度的噪声可造成永久性听力损失。针对任何形式的噪声污染，降低噪声的尝试是在声源位置上将噪声降到最低。通常人们首先考虑用工程技术和行政管理的手段来控制噪声。当上述措施无效或无法采用时，就必须采取个人听力保护措施。听力保护器主要有：耳塞、耳罩。耳塞一般用橡胶、塑料、泡沫等材料制成。耳罩是通过阻塞外耳部分来阻隔声音的，它们是用一种类似橡胶的软材料做成的耳套。

每次使用前应仔细检查是否有损坏或弄脏。用湿布擦拭耳罩软塑料壳。如果出现问题，要及时更换。

段落话题

（1）何时需要戴耳塞或耳罩？

（2）为什么个人防护装备在每次使用前必须进行检查？

6 实训评估

6.1 口头测试

（1）如果你将酸溅到眼睛里，你应该怎样？

a.呼叫医生　　b.大声尖叫寻求帮助

c.尽快洗眼睛　　d.离开工作回家

（2）皮革手套能为下列哪种情形提供保护？

a.碎片　　b.很薄的带有尖锐边缘的金属片

c.酸　　d.金属线电缆

（3）过滤式呼吸面罩能防护下列什么？

a.溶剂和粉尘　　b.仅是粉尘和颗粒物

c.不能防护什么　　d.仅是花粉

（4）为什么戴防尘口罩时面部不宜留有胡须？

a.胡须会妨碍你的呼吸　　b.会引起防尘口罩遮盖不严

c.会引起皮肤发炎　　d.那样看起来很傻

（5）什么时候需要戴安全帽？

a.所有时间　　b.领导看见的时候

c.当头部存在危险时　　d.操纵铲车时

（6）哪种化学品会引起永久性的眼部伤害？

a.杀虫剂　　b.电池溶液

c.油漆稀释剂　　d.以上三种

6.2 情景训练

【任务1】首先对下列各案例进行危险分析，并根据表5-12中所列项目，正确地填写分析结果。然后，进行个人防护装备正确穿戴的演练。

案例1　某化肥厂合成车间压缩工段，在正常生产中压缩机二段出口管道法兰突然泄漏气体，该气体中含有足以使操作人员发生中毒危害的一氧化碳气体，你如何穿戴正确的个人防护装备进行事故处理？

案例2　某化肥厂合成车间合成工段某一高压管道阻塞，决定采用蒸汽吹堵。请穿戴正确的个人防护装备进行操作。

表5-12　个人防护装备危害评价表

工作地点	危害源/类型	影响的身体部位	是否需要个人防护装备是/否	需要的个人防护装备的类型

【任务2】描述表5-13中各类工作潜在的风险因素，并根据风险因素选择正确的个人防护装备。

表5-13 各类工作潜在的风险因素分析表

工作任务	风险因素	选择正确的个人防护装备
高处作业		
受限空间作业		
处理腐蚀性化学品		
使用蒸汽或有毒、有害气体		
焊接操作		
高噪声区域作业		

7 实训反馈

实训结束后未解决的技能问题	如何采取有效措施解决

模块五 呼吸保护装置

本模块任务

① 认识常见的呼吸防护用品；
② 能够根据工作情境正确选择呼吸防护用品；
③ 能够正确使用及良好维护呼吸防护用品。

1 实训学时

4学时

2 实训器材

防尘口罩、防毒口罩、过滤式防毒面具、氧气呼吸器、空气呼吸器、送风式长管呼吸器等。

3 实训建议

分组训练

4 训练导语

呼吸防护用品是防止缺氧空气和有毒、有害物质被吸入呼吸器官时对人体造成伤害的个人防护装备。空气中主要含有21%的氧气、78%的氮气和少量惰性气体等。当空气中存在的有害物质含量超过国家职业卫生标准规定浓度范围时，就构成了呼吸危害。空气中的有害物质形态主要包括颗粒物（如粉尘、烟、雾）、气体及蒸气。颗粒越小，在空气中停留的时间越长，被吸入的可能性越大，对人体危害越大。长期吸入微小颗粒，如矿尘、煤尘、水泥尘等，会严重影响呼吸系统的健康，导致尘肺病；有些颗粒物有毒害性，如石棉尘是致癌物质。有害气体和蒸气能直接通过呼吸进入血液循环系统，也可以通过皮肤侵入人体，损害人体健康。我国的职业卫生标准对绝大多数常见的空气污染物制定了浓度限值，若超过这个浓度就会危及健康。

为了保证劳动者在劳动中的安全和健康，在有粉尘、毒气污染、事故处理、抢救、检修、剧毒操作以及在受限空间内作业，必须选用可靠的呼吸防护用品，作为安全、健康的最后一道防线。国家安全生产监督管理局制定出《呼吸防护用品的选择、使用与维护》标准（GB/T 18664—2002），规定了根据作业场所的呼吸危害程度选择各种防护用品的程序和方法，并对呼吸用品的使用或维护提出了明确要求。

呼吸防护用品的种类繁多、功能各异。面对复杂的呼吸危害，防护对象必须与危害存在的形态相匹配，防护级别必须与危害水平相当。如何合理选择、使用呼吸防护用品呢？我们需要按照以下步骤进行：第一步，识别危害环境，判定危害水平；第二步，确定各类防护用品的防护级别；第三步，正确选择、使用防护级别高于危害水平的防护用品。

5 实训内容

5.1 对存在呼吸危害的环境进行识别和评价

使用呼吸防用品的目的是预防有害环境威胁健康，所以防护对象必须与危害存在的形态相匹配，防护水平必须与危害程度相当，能够将危险水平降到可以接受的安全程度。选择呼吸防护用品的第一步，是识别有害环境性质，判定危害程度。

根据《呼吸防护用品的选择、使用与维护》标准（GB/T 18664—2002），将有害环境的危害程度分为两类：立即威胁生命和健康（Immediately Dangerous to Life and Health，IDLH）环境和非IDLH环境。其中，IDLH环境包括：

① 危害未知环境，即作业区存在可能威胁生命的物质，但种类、浓度未知；

② 缺氧或缺氧未知环境，当空气中氧气含量低于18%时属于缺氧环境；

③ 有害物浓度达到IDLH浓度的环境。

除上述情况外，就是非IDLH环境。

IDLH浓度与职业卫生接触限值（MAC值）不同，主要是为呼吸防护用品选择而制定的有害物浓度限值。GB/T 18664—2002附录提供了常见317种物质的IDLH浓度，制定的标准采纳了由美国职业安全卫生管理局（OSHA）执行的标准。对没有呼吸防护的人而言，接触超过该限值浓度的有害物可导致死亡，或致残，或使人丧失逃生能力。

可用危害因数评价现场有害物浓度水平：

$$\text{危害因数}=\frac{\text{现场有害物浓度}}{\text{国家职业卫生标准规定浓度}}$$

若危害因数大于1，说明有害物浓度超标，危害因数越大，说明环境的危险水平越高。若现场存在多种有害物质，应分别计算危害因素，取最大值为该作业场所的危害因数。

段落话题

（1）如何发现作业场所有害物质的浓度是否超标?

（2）存在未知浓度的硫化氢气体的作业环境属于IDLH环境吗?

5.2 认识常用呼吸防护用品的种类和防护级别

呼吸防护用品根据其结构和原理，主要分为过滤式和隔绝式两大类。

（1）过滤式呼吸防护用品

过滤式呼吸防护用品利用过滤材料滤除空气中的有毒、有害物质，将受污染空气转变为清洁空气后供呼吸使用。其中依靠佩戴者呼吸克服部件阻力的为自吸过滤式，依靠动力（如电动风机）克服部件阻力的为送风过滤式。

过滤式呼吸防护用品主要由过滤部件和面罩组成。根据面罩的防护部位可分为半面罩和全面罩两种；根据过滤材料的适用范围，可分为防尘、防毒以及尘毒组合防护三类。

（2）隔绝式呼吸防护用品

隔绝式呼吸防护用品是将使用者呼吸器官、眼睛和面部与外界有害空气隔绝，依靠自身携带的气源或靠导气管引入洁净空气供人员呼吸，也称为隔绝式防毒面具。佩戴者靠呼吸或借助机械力通过导气管引入清洁空气的称为供气式；靠携带空气瓶、氧气瓶或生氧器等作为气源的称为携气式。隔绝式呼吸防护用品还可根据面罩内的压力分为正压式和负压式两种。由于有害物质不能进入正压式面罩，故其安全性能较好。

（3）呼吸防护用品的防护等级

各类呼吸防护用品的防护等级可以用指定防护因数APF（assigned protection factor）来评估。指定防护因数APF是指在呼吸器功能正常、适合使用者佩戴且正确使用的前提下，预计能将空气中有害物浓度降低的倍数。APF越高，表明其安全性和可靠性越高，防护等级越高。呼吸防护用品的指定防护因数APF要高于作业现场的危害因数。如某类呼吸防护用品的APF为100，说明在适合使用者佩戴且正确使用的前提下，能够将有害物的浓度降低100倍。若降低100后有害物浓度低于职业卫生标准，说明可预防职业病，吸收防护有效。否则就应该选择防护等级更高的用品。由于IDLH环境具有明显的高风险性，用于IDLH环境的呼吸防护用品都是APF最高的一类。表5-14是GB/T 18664—2002中规定的部分常用呼吸器的APF。

表5-14　部分常用呼吸防护用品的指定防护因数APF

过滤式			隔绝式	
自吸过滤式		自动送风过滤式	供气式	携气式
 半面罩10	 全面罩100	 >200 <1000	 正压式1000 负压式100	 正压式>1000 负压式100

段落话题

（1）使用呼吸防护用品就是绝对安全的吗？

（2）哪种呼吸防护用品的防护等级最高？哪种最低？

5.3 呼吸防护用品的选择、使用和维护

选择呼吸防护用品首先要考虑有害环境的特点，使防护水平与危害程度相当，将危险降到可以接受的安全程度；其次呼吸防护用品还必须方便作业，应与其他防护用品或工具兼容；此外还应考虑使用人的特点，如脸型、视力、生理、心理等因素，正确地选择呼吸防护用品，并掌握使用、维护方法，使呼吸防护用品发挥作用。GB/T 18664—2002对如何结合空气污染物特点和性质选择呼吸防护用品作了详细规定。

（1）过滤式呼吸防护用品

过滤式呼吸防护用品适用于普通非密闭的作业场所，对烟雾粉尘和某些有害气体、蒸气有一定的防护能力。常用的过滤式呼吸器可分为自吸式防尘、防毒面具和送风式防尘防毒呼吸器。

① 防尘口罩。防尘口罩（如图5-15）靠吸气迫使污染空气过滤，主要是防御各种有害颗粒物，适合有害物浓度不超过10倍职业接触限值的环境，通常对有毒、有害气体和蒸气无防护作用。口罩常用防颗粒物的过滤材料制成，结构简单，不用滤尘盒，一般不可重复使用。有些口罩表面有单向开启的呼气阀，用于降低呼气阻力，帮助排出湿热空气。

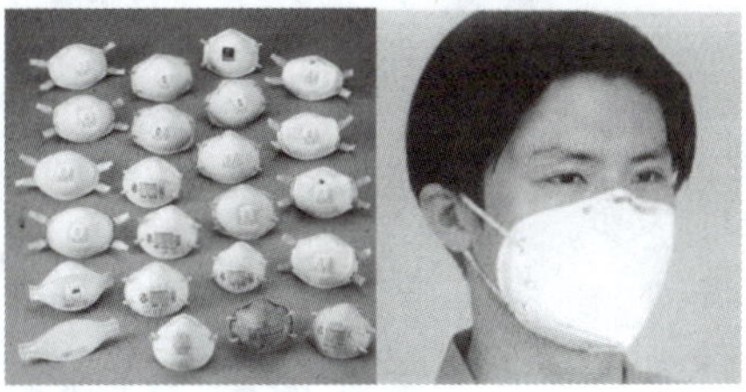

图5-15 防尘口罩

防尘口罩的形式很多，包括平面式（如普通纱布口罩）、半立体式（如折叠式）、立体式（如模压式）。一般立体式、半立体式气密效果好，安全性更高。防尘口罩的过滤效果和过滤材料以及颗粒物粒径有关，通常要按照过滤效率分级，并按是否适合过滤油性颗粒物分类。

段落话题

（1）可以用2个普通纱布口罩代替立体式防尘口罩吗？

（2）防尘口罩可以用水清洗吗？

② 自吸过滤式防毒面罩。过滤式防毒面罩是以超细纤维和活性炭、活性炭纤维等吸附材料为过滤材料的呼吸防护用品，用于防御各种气体、蒸气、气溶胶等有害物。一般由面罩、滤毒盒（罐）、导气管（直接式没有）、可调拉带等部件组成，如图5-16所示。其中，面罩、滤毒盒（罐）是关键部件。戴上防毒面罩，外界空气经滤毒罐过滤后供佩戴者呼吸；呼出的二氧化碳从面罩的呼气活门排出。防毒面罩可分为全面罩和半面罩。全面罩应能遮住眼、鼻和口，半面罩应能遮住鼻和口。滤毒盒（罐）型号很多，使用时应根据不同的环境进行选择。

防毒面罩主要要求滤毒性能好，面罩的呼气阀气密性要好，呼吸阻力应小，实际有害空间应小，尽量不妨碍视野、重量轻。由于人的脸型不同，半面罩的口鼻区域闭合比较困难，而全面罩相对来说较易密合，泄漏的可能性较小。

单盒式防毒半面罩

双盒式防毒半面罩

单盒式防毒全面罩

双单盒式防毒全面罩

导管式防毒面罩

图5-16　各种过滤式防毒面罩

③ 送风式防尘防毒呼吸器。一般由面罩、头盔、滤毒尘罐、微型电机和风扇等几部分组成。如图5-17所示。

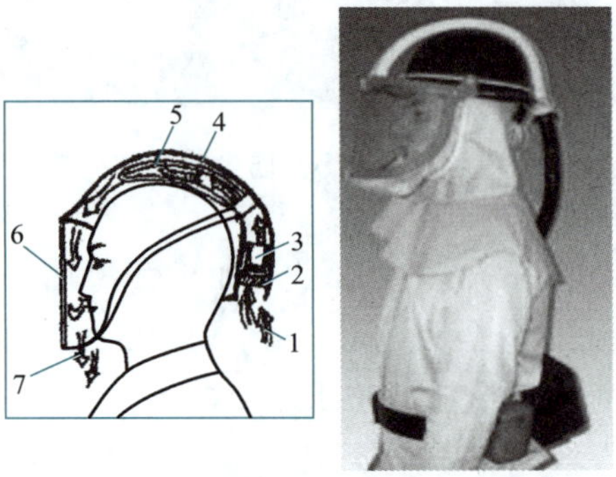

图5-17　电动送风防尘呼吸器

1—污染空气；2—粗过滤；3—微型电机和风扇；4—头盔；5—滤尘器；6—面罩；7—清洁空气

过滤式呼吸防护用品应根据有害环境的性质和危害程度，如粉尘浓度、性质、分散度、作业条件及劳动强度等因素，确定滤毒罐的种类和品种，合理选择不同防护级别的防护装置。使用者应选配适宜自己面型的面罩型号，防止密合不好而漏气。

使用前，认真阅读产品说明书，熟悉其性能，掌握要领，使之能迅速准确戴用；检查装具质量，保持连接部位的密闭性。对于密合型面罩，应按有关标准进行气密性检查，确认佩戴正确和密合。佩戴时，必须先打开滤器的进气口，使气流通畅。

在使用中要注意，防尘面具如感憋气应更换过滤元件，防毒面具要留意滤毒盒（罐）是否失效，如嗅到异味，发现增重超过限度，使用时间过长等应警觉，最好设置使用记录卡片或失效指示装置等，发现失效或破损现象应立即撤离工作场所。

过滤式呼吸器产品应存放在干燥、通风、清洁、温度适中的地点；超过存放期，要封样送专业部门检验，合格后方可延期使用。使用过的呼吸器，用后要认真检查和清洗，及时更换损坏部件，晾干保存。

段落话题

（1）可以用防尘口罩代替防毒口罩使用吗？

（2）留大胡子或戴眼镜的人戴防毒面罩有哪些安全隐患？

（2）隔绝式呼吸防护用品

当环境中存在着过滤材料不能滤除的有毒有害物质，或氧含量低于18%，或有毒物质浓度较高时，应使用隔绝式呼吸防护用品。常用隔绝式呼吸器有氧气呼吸器、空气呼吸器、长管呼吸器等。

① 氧气呼吸器。氧气呼吸器也称储氧式防毒面具，是人员在严重污染、存在窒息性气体、毒气类型不明确或缺氧等恶劣环境下工作时常用的隔绝式呼吸防护设备。氧气呼吸器以钢瓶内充入压缩氧气为气源，一般为密闭循环式，基本结构如图5-18所示。使用时打开气瓶开关，氧气经减压器、供气阀进入呼吸仓，再通过吸气软管、吸气阀进入面罩供人员呼吸；呼出的废气经呼气阀、呼气软管进入清净罐，去除二氧化碳后也进入呼吸仓，与钢瓶所提供的新鲜氧气混合供循环呼吸。由于在二氧化碳的滤除过程中，发生的化学反应会放出较高的热量，为保证呼吸的舒适度，有些呼吸器在气路中设置有冷却罐、降温盒等气体降温装置。

氧气呼吸器结构复杂、严密，使用者应认真阅读产品说明书，经过训练掌握操作要领，能做到迅速、准确地佩戴使用。

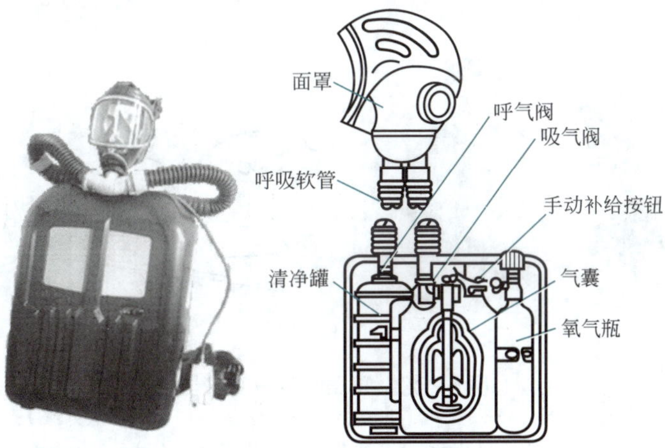

图5-18 氧气呼吸器

佩戴方式常采用左系式，如图5-19所示，即把背带挂在右肩、呼吸器落在左腰侧。这样可以把呼吸器放在左腰处不影响右手的操作，而且氧气瓶阀门在身前，便于操作，同时也便于观察压力表，一旦发现压力不够可以迅速停止救护，撤离现场。

图5-19 左系式佩戴呼吸器

使用呼吸器之前要先打开氧气瓶阀门，检查氧气压力，高于规定压力时才可使用，以防止压力过低，供氧时间不长，影响使用。佩戴时应托起面罩，拇指在外，其余四指在内，将内罩由下颚往上戴，罩住面孔，然后进行几次深呼吸，以体验呼吸器各个机件是否良好。确认没有问题时，才可以进入作业现场。

使用中应随时观察氧气压力的变化，当发现压力降到2.9MPa时，作业人员应迅速退出现场。要留足氧气余量保证安全撤离危险区。使用中因为气囊中废气积聚过多感觉闷气，可以揿手动补给按钮补充氧气。如发生减压阀定量供氧故障，应一边揿手动补给按钮，一边迅速撤出现场。氧气呼吸器的防护时间有一定限值，根据呼吸器的型号不同，工作时间一般为60 ～ 240min。

氧气呼吸器应避免与油或火直接接触，还要防止撞击，以防引起呼吸器爆炸。呼吸器应有专人管理，用毕要检查、清洗，定期检验保养，妥善保存，使之处于备用状态。

② 空气呼吸器。空气呼吸器又称储气式防毒面具，有时也称为消防面具，主要用于消防人员以及相关人员在处理火灾、有害物质泄漏、烟雾、缺氧等恶劣作业现场进行灭火、救灾、抢险和支援，也可用于化工生产、运输、环境保护、军事等领域。它以压缩空气钢瓶为气源，可分为正压式和负压式两种。正压式在使用过程中面罩内始终保持正压，可避免外界受污染或缺氧空气的漏入，安全性能更好，应用较为广泛。

正压式空气呼吸器主要部件有面罩、空气钢瓶、减压器、压力表、导气管等，基本结构如图5-20所示。佩戴者由供给阀经吸气阀吸入新鲜空气，呼出的气体经呼气阀排入大气中。在使用中，由于新鲜空气不断冲刷面罩镜片，使镜片始终保持清晰明亮，不上雾气。

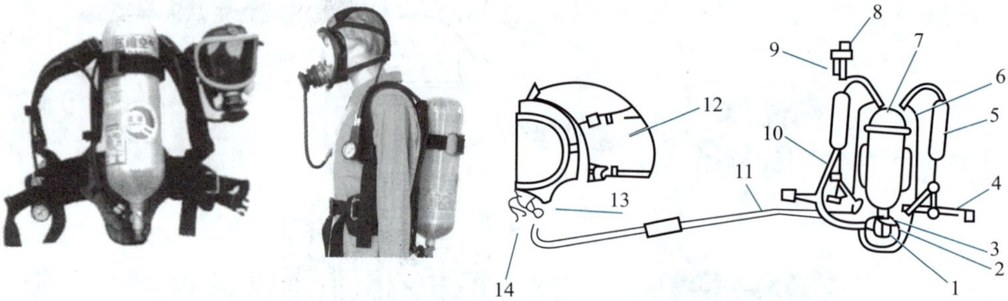

图5-20 正压式空气呼吸器

1—气瓶开关；2—减压器；3—安全阀；4—腰带；5—肩带；6—背托（碳纤维）；7—储气瓶；8—压力表（夜光）；9—余气报警哨；10—高压导管；11—中压导管；12—面罩；13—正压呼气阀；14—供给阀

使用前，认真阅读产品说明书，熟悉性能，经过训练掌握操作要领，能做到迅速、准确地佩戴使用。

佩戴前首先打开气瓶开关，随着管路、减压器系统中压力的上升，会听到余气警报器发出短暂的声响。储气瓶开关完全打开后，检查空气的储存压力，一般应在28 ～ 30MPa。关闭储气瓶开关，观察压力表的读数，在5min内压力下降不大于2MPa，表明供气管路系统高压气密完好。轻轻按动供给阀杠杆，观察发出声响，同时也是吹洗一次警报器通气管路（注：空气呼吸器不使用时，每月按此方法检查一次）。

呼吸器背在人体身后，调节肩带、腰带以牢靠、合适为宜。佩戴面罩进行2 ～ 3次的深呼吸，感觉舒畅。检查有关的阀件性能必须可靠。用手按压检查供给阀的开启或关闭状态，屏气时，供给阀门应停止供气。一切正常后，将面罩系带收紧，面部应感觉舒适，检查面罩与面部是否贴合良好。方法是关闭储气瓶开关，深呼吸数次，将呼吸器内气体吸完，面罩体应向人体面部移动，感觉呼吸困难，证明面罩和呼吸阀有良好气密性。

及时打开储气瓶开关，开启供给阀开关，供给人体适量的气体使用。

在佩戴不同规格型号的空气呼吸器时，佩戴者在使用过程中应随时观察压力表的指示数值。当压力下降到4～6MPa时，应撤离现场，这时余气警报器也会发出警报音响告诫佩戴者撤离现场。空气呼吸器的防护时间一般比氧气呼吸器稍短。

③ 长管呼吸器。长管呼吸器由面罩或头盔、长导气管、减压阀、净化装置及调节阀等组成。其特点是具有较长的导气管（50～90m），可与移动供气源、移动空气净化站等配合使用，通过机械动力或呼吸动力从清洁环境中引入空气供人呼吸，一般配有2套呼吸面罩，可供2人同时使用。图5-21为供气式长管呼吸器示意图。

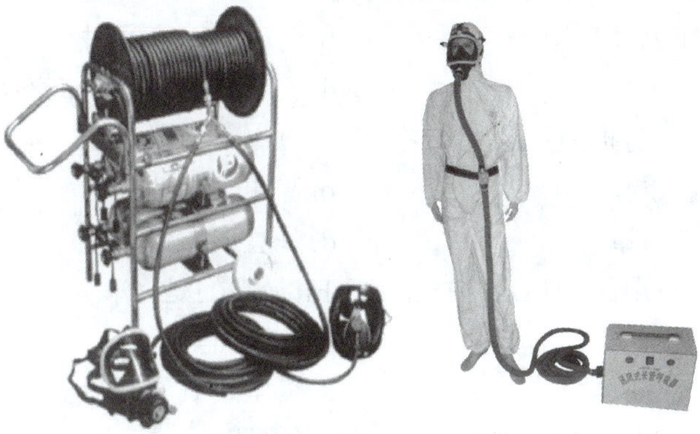

图5-21　供气式长管呼吸器

长管呼吸器适合流动性小、定点作业的场合，如大范围的化学、生化及工业污染环境中连续长时间作业使用。

使用前，认真阅读产品说明书。使用前要严格检查气密性。用于危险场所时，必须有第二者监护。自吸式长管呼吸器，要求进气管端悬置于无污染、不缺氧的环境中，软管要求平直，以免增加吸气阻力。

佩戴者使用时取出专用腰带、背带，根据体型适度调整，使腰间阀、逃生瓶的位置在人体腰部两侧（注意腰间阀的快速插座应朝上方），以佩戴舒适、不妨碍手臂活动为宜。先将移动气源供气管上的快速插座由下向上插到腰间阀的插头上，再将面罩供气阀的插头插到腰间阀插座上，也可在未佩戴腰背带之前将移动气源和面罩的接头先接到腰间阀上。打开移动气源的气瓶阀，戴上呼吸面罩，呼吸自如后方可进入工作现场。如2人同时使用，应等2人全部佩戴好后一同进入，并注意保持距离和方向，防止发生相互牵拉供气管而出现意外。

在使用过程中，如感觉气量供给不足、呼吸不畅、或出现其他不适情况，应立即撤出现场，或打开逃生气源撤离。应妥善保护移动气源上的长管，避免与锋利尖锐器、角、腐蚀性介质接触或在拖拉时与粗糙物产生摩擦，防止戳破、划坏、刮伤供气管。如不慎接触到腐蚀性介质，应立即用洁净水进行清洗、擦干，如供气长管出现损坏、损伤后应立即更换。用毕要清洗检查，保存备用。

如果长管呼吸器的气源车不能近距离跟随使用人员，应该另行安排监护人员进行监护，以便检查气源，在气源即将耗尽发出警报及发生意外时通知使用人员。

段落话题

（1）选择使用呼吸防护用品要考虑哪些因素？

（2）在爆炸性危险环境中可以使用氧气呼吸器吗？

6 实训评估

6.1 口头测试

（1）下面情况必须使用呼吸防护用品的是（　　）。

a.氧气浓度在21%以下　　b.清理石棉废物时

c.给汽车加油时　　d.实验室中使用有机溶剂

（2）下列口罩中，防护效果最好的是（　　）。

a.普通纱布口罩　　b.普通一次性口罩

c.折叠式防尘口罩　　d.单盒式防毒口罩

（3）下列呼吸防护用品的指定防护指数AFP最高的是（　　）。

a.折叠式防尘口罩　　b.防毒面具

c.正压式空气呼吸器　　d.负压式氧气呼吸器

（4）以下呼吸防护用品的防护时间比较确定的是（　　）。

a.防尘口罩　　b.过滤式防毒面罩

c.送风式长管过滤器　　d.储气式呼吸器

（5）避免呼吸危害的最后一道防线是（　　）。

a.采用清洁生产工艺　　b.使用呼吸防护设备

c.加强工作现场的通风　　d.防止物料泄漏

（6）在危害因数为15的氯仿有机蒸气环境中作业，呼吸防护用品应该选择（　　）。

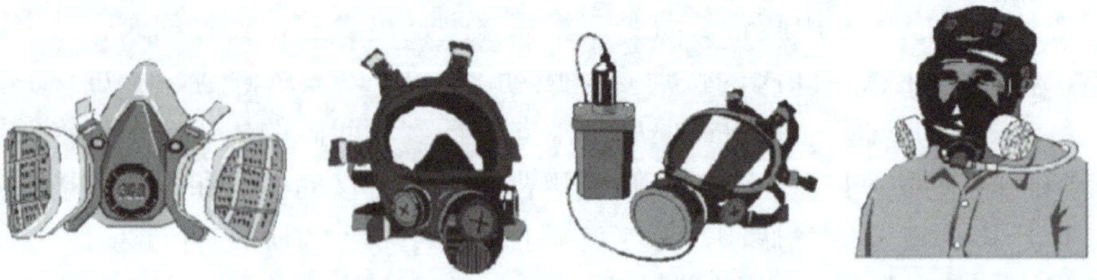

a　　b　　c　　d

6.2 情景训练

【**任务**】① 对下列案例进行呼吸危害风险因素分析，将分析结果填入表5-15；

② 根据分析结果选择正确的呼吸防用品进行佩戴演练。

案例1　值班人员在氨水储罐附近闻到刺鼻的氨水气味，立即向车间汇报，并需要检查储罐是否泄漏，他应该佩戴哪种呼吸防护用品？

案例2　在产品储罐区往槽罐车中装载苯的操作。空气中苯的最大浓度为50mg/m^3。作业人员应选择佩戴哪种呼吸防护用品？

案例3　电石粉碎车间通风良好，操作工人需要佩戴呼吸防护用品吗？如果需要，选择哪种防护用具？

案例4　一名工人需要在一个高2m，直径4m的储罐中进行清洗作业，使用二甲苯溶剂。他应该佩戴哪种呼吸防护用品？

表5-15　呼吸危害风险因素分析表

工作任务	呼吸危害风险因素分析	选择正确的呼吸防护用品
案例1		
案例2		
案例3		
案例4		

7　实训反馈

实训结束后未解决的技能问题	如何采取有效措施解决

模块六
灭火器的使用

本模块任务

① 学会灭火的基本方法；
② 能够根据火灾原因选择合理的灭火器材；
③ 能够并学会使用常用的灭火器材。

1 实训学时

4学时

2 实训器材

干粉灭火器、二氧化碳灭火器、泡沫灭火器、1211灭火器等。

3 实训建议

分组训练

4 训练导语

我们平常所说的“着火”，就是燃烧，是一种同时伴有发光、发热的激烈氧化反应。一旦失去对燃烧的控制，就会发生火灾，造成危险。

可燃物、助燃物和点火源是构成燃烧的三个要素，缺少其中任何一个，燃烧便不能发生。有时即使具备了三个条件，但如果可燃物未达到一定浓度、助燃物数量不够、点火源不具备足够的温度或热量等，也不会燃烧。对于已进行着的燃烧，若消除其中任何一个条件，燃烧便会终止，这就是灭火的基本原理。

根据上述原理，可用下述方法灭火。

① 窒息法。隔绝助燃物质，采取适当措施来防止空气流入燃烧区，使可燃物无法获得助燃物而停止燃烧。这种灭火方法适用于扑救封闭的房间、地下室、船舱内的火灾。

② 冷却法。降低着火物质温度，使之降到燃烧点以下而停止燃烧。用水进行冷却灭火，是扑救火灾最常用的方法。二氧化碳的冷却效果也很好。

③ 隔离法。将燃烧的物质与未燃烧的物质隔开，中断可燃物质的供给，使火源孤立，从而使燃烧停止。如把可燃物迅速疏散，切断火路、关闭阀门，阻止可燃气体、液

体流入燃烧区，拆除与火源相毗连的易燃建筑等。

④ 抑制灭火法。使灭火剂参与燃烧的连锁反应，使燃烧过程中产生的游离基消失，形成稳定分子，从而使燃烧反应停止。

上述方法在灭火中并不是孤立的，有些灭火方式就能同时起到多个作用。为了迅速扑灭火灾，往往是多种方法并用。

灭火器是最常用的消防器材，对消除火险或扑救初起火灾有重要的作用。它具有结构简单，灭火速度快、轻便灵活、实用性强等特点，广泛应用于生产车间、企业、机关、公共场所、仓库以及汽车、轮船、飞机等交通工具上，已成为群众性的常规灭火器材。不论是工业生产还是日常生活中，都存在着火灾隐患，因此，掌握消防安全知识，学会灭火器的使用方法和灭火技能，预防火灾的发生，具有非常重要的意义。

5 实训内容

5.1 认识常用灭火器的类型

灭火器是一种可由人力移动的轻便灭火器具，它能在其内部压力作用下，将所充装的灭火药剂喷出，用来扑灭火灾。灭火剂是能够有效地破坏燃烧条件、中止燃烧的物质。常用的灭火剂有水、泡沫、干粉、卤代烷烃、二氧化碳等。灭火器的种类很多，按其移动方式可分为手提式和推车式，其结构如图5-22、图5-23所示；按所充装的灭火剂可分为泡沫、二氧化碳、干粉、卤代烷（例如常见的1211灭火器），如图5-24所示。

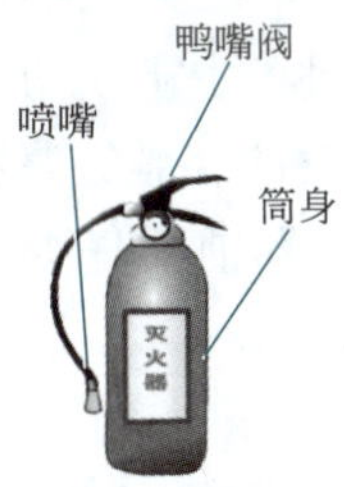

图5-22 手提式灭火器

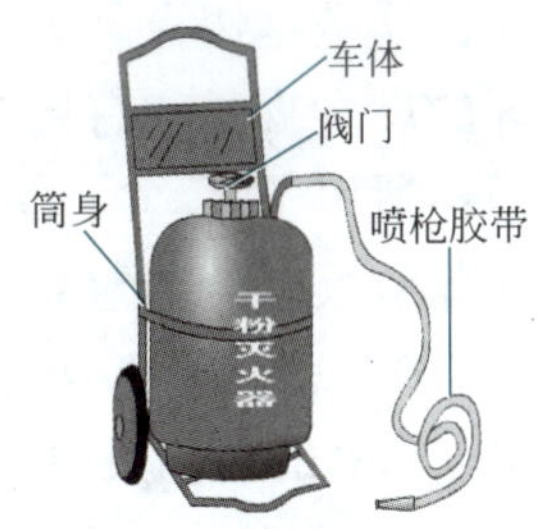

图5-23 推车式灭火器

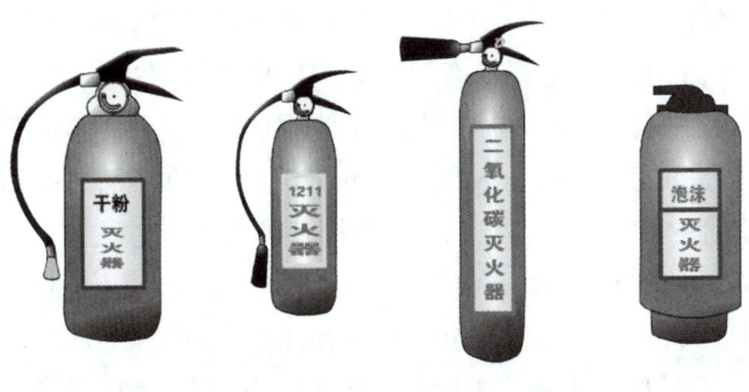

图5-24 常见灭火器种类

灭火器的种类可从其型号上来区分。不同类型的灭火器型号有规定的编制方法。根据国家标准规定，灭火器型号应以汉语拼音大写字母和阿拉伯数字标于筒体，如“MF2”

等。其中第一个字母M代表灭火器，第二个字母代表灭火剂类型（F是干粉灭火剂、FL是磷铵干粉、T是二氧化碳灭火剂、Y是卤代烷灭火剂、P是泡沫、QP是轻水泡沫灭火剂、SQ是清水灭火剂），后面的阿拉伯数字代表灭火剂重量或容积，一般单位为每千克或升。有第三个字母T的是表示推车式，B表示背负式，没有第三个字母的表示手提式。我们常见的灭火器有MP型、MPT型、MF型、MFT型、MFB型、MY型、MYT型、MT型、MTT型等。

段落话题

上述内容中的所提到的灭火器型号分别代表哪些种类的灭火器？

5.2 根据不同的火灾类型选择、使用灭火器

根据燃烧物质的种类的不同，可以把火灾的种类分成以下几种。

A类火灾：含碳固体可燃物，如木材、棉、贸、麻、纸张等燃烧的火灾；

B类火灾：指液体或可融化的固体物质，如汽油、煤油、甲醇、乙醚、丙酮、沥青、石蜡等燃烧的火灾；

C类火灾：可燃气体，如煤气、天然气、甲烷、乙炔、氢气等燃烧的火灾；

D类火灾：可燃金属，如钾、钠、镁、钛、锂、铝镁合金等燃烧的火灾；

带电火灾：带电物体燃烧的火灾。

选择合理的灭火器是尽快控制火灾的前提。由于不同的灭火剂适应扑救的火灾种类不同，应根据不同的燃烧物质，有针对性地使用灭火剂，才能成功扑灭火险。如水是最常用的灭火剂，但不适用于B、C、D类火灾及电器火灾的扑救。掌握每一种灭火剂的适用范围对于火灾的扑救具有十分重要的意义。使用灭火器前要仔细阅读说明书，正确操作，才能够安全、有效、迅速的扑救火灾。

（1）二氧化碳灭火器的使用及维护方法

二氧化碳有较好的稳定性，不燃烧也不助燃。通过加压，以液体状态灌入灭火器桶（钢瓶）内。在20℃时，钢瓶内压力达6MPa。液体二氧化碳从灭火器喷出后，迅速蒸发，变成固体雪花状的二氧化碳。固体二氧化碳喷射到燃烧物体上迅速吸热挥发成气，其温度为−78℃。在灭火中二氧化碳具有良好的冷却和窒息作用。

二氧化碳灭火器有两种：一种是鸭嘴式。使用时，将灭火器提到火场，在距燃烧物2m左右，去掉铅封，拔出保险销，一手握住喇叭筒根部的手柄，另一只手紧握启闭阀的压把。对没有喷射软管的二氧化碳灭火器，应把喇叭筒往上扳70°～90°。使用时，不能直接用手抓住喇叭筒外壁或金属连线管，防止手被冻伤。灭火时，当可燃液体呈流淌状燃烧时，使用者将二氧化碳灭火剂的喷流由近而远向火焰喷射。如果可燃液体在容器内燃烧时，使用者应将喇叭筒提起，向燃烧的容器中喷射。但不能将二氧化碳射流直接冲击可燃液面，以防止将可燃液体冲出容器而扩大火势，造成灭火困难。使用方法如图5-25所示。另一种开关是轮式。使用时，一手拿喇叭口对准着火物，一手按逆时针方向拧开梅花轮即可。

①用右手握着压把

②用右手提着灭火器到现场

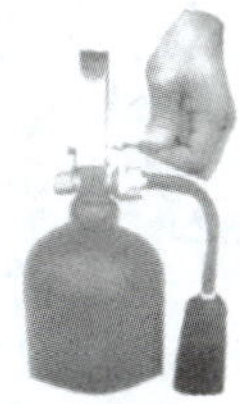
③除掉铅封

④拔掉保险销

⑤站在距火源2m的地方，左手拿着喇叭筒，右手用力压下压把

⑥对着火焰根部喷射，并不断推前，直至把火焰扑灭

图5-25 二氧化碳灭火器使用图解

二氧化碳灭火器主要适用于各种可燃液体（B类）、可燃气体火灾（C类），还可扑救仪器仪表、带电（600V以下）设备、图书档案和低压电器设备等的初起火灾，不适用于扑救活泼金属的火灾。

使用二氧化碳灭火器时应注意，不要直接用手抓住金属导管，也不要把喷嘴对准人，以防冻伤；室外使用应选择在上风方向喷射；在室内窄小空间使用时，灭火后操作者应迅速离开，以防窒息。

二氧化碳灭火器不怕冻，但怕高温，存放时应远离热源，温度不得超过42℃，否则内部压力增大使安全膜破裂，灭火器失效。每年要用称重法检查一次二氧化碳的存量，若二氧化碳的重量比其额定值减少1/10时，应进行灌装。另外每年要进行一次水压试验，并标明试验日期。

段落话题

使用二氧化碳灭火器有哪些注意事项?

（2）泡沫灭火器的使用及维护方法

泡沫灭火器有化学泡沫灭火器和空气泡沫灭火器两种。

化学泡沫灭火器内充装有酸性（硫酸铝）和碱性（碳酸氢钠）两种化学药剂的水溶液。使用时，两种溶液混合引起化学反应产生CO_2泡沫，在压力作用下喷射出去进行灭火。

手提式化学泡沫灭火器使用时应手提筒体上部的提环，迅速奔赴火场。这时应注意不得使灭火器过分倾斜，更不可横拿或颠倒，以免两种药剂混合而提前喷出。当距离着火点10米左右，即可将筒体颠倒过来，一只手紧握提环，另一只手扶住筒体的底圈，将射流对准燃烧物，轻轻抖动几下，喷出泡沫，进行灭火。使用方法如图5-26所示。在扑救固体物质火灾时，应将射流对准燃烧最猛烈处。灭火时随着有效喷射距离的缩短，使用者应逐渐向燃烧区靠近，并始终将泡沫喷在燃烧物上，直到扑灭。使用时，灭火器应始终保持倒置状态，否则会中断喷射。使用过程中不可将筒底对着下巴或其他人。

空气泡沫灭火器使用时可手提或肩扛迅速奔到火场，在距燃烧物6m左右拔出保险销，一手握住开启压把，另一手紧握喷枪；用力捏紧开启压把，打开密封或刺穿储气瓶密封片，空气泡沫即可从喷枪口喷出。灭火方法与手提式化学泡沫灭火器相同。但空气泡沫灭火器使用时，应使灭火器始终保持直立状态、切勿颠倒或横卧使用，否则会中断喷射。同时应一直紧握开启压把，不能松手，否则也会中断喷射。

泡沫灭火器主要适用于扑救各种油类火灾（B类）、木材、纤维、橡胶等固体可燃物火灾（A类），但不能扑救带电设备、可燃气体、轻金属、水溶性可燃、易燃液体的火灾。

① 右手握着压把，左手托着灭火器底部，轻轻地取下灭火
② 右手提着灭火器到现场
③ 右手捂住喷嘴，左手执筒底边缘

④ 把灭火器颠倒过来呈垂直状态，用劲上下晃动几下，然后放开喷嘴
⑤ 右手抓住筒耳，左手抓住筒底边缘，把喷嘴朝向燃烧区，站在离火焰8～10m的地方喷射，并不断前进，兜围着火焰喷射，直至把火焰扑灭
⑥ 灭火后，把灭火器卧放在地上，喷嘴朝下

图5-26　化学泡沫灭火器使用图解

泡沫灭火器存放时，应避免高温，以防碳酸氢钠分解出二氧化碳而失效，最佳存放温度为4～5℃；应经常疏通喷嘴，使之保持畅通。使用期在两年以上的，每年应送请有关部门进行水压试验，合格后方可继续使用，并在灭火器上标明试验日期。每年要更换药剂，并注明换药时间。

推车式化学泡沫灭火器的适用范围、灭火方法及注意事项与手提式基本相同。

段落话题

泡沫灭火器在使用时为什么不能倾斜或水平放置?

（3）干粉灭火器的使用及维护方法

干粉灭火器利用二氧化碳或氮气作动力，将干粉灭火剂从喷嘴内喷出，形成一股雾状粉流，射向燃烧物质灭火，是一种高效的灭火装置。灭火器内部充入的干粉灭火剂有碳酸氢钠BC和磷酸铵盐ABC两种类型。BC型可扑灭B类（可燃液体、油脂）和C类（可燃气体）的初起火灾；ABC型除可扑灭B、C类火灾外，还可扑灭A类（固体物质）初起火灾，是通用型干粉灭火器。同时，由于干粉具有良好的绝缘性，还可用于扑灭50kV以下的电器火灾，但不适宜扑救轻金属燃烧的火灾。

干粉灭火器有手提式和推车式两种形式。用干粉灭火器灭火时，应站在上风方向且尽量靠近火场，先拉出保险销或开启提环，一手紧握灭火器喷管端部，将喷嘴对准火焰根部，一手按下压把，灭火剂喷出即可灭火，如图5-27所示。使用前应先将筒体上下颠倒几次，使干粉松动，再开气喷粉。推车式灭火器应首先打开储气瓶开关，观察压力表，待罐内压力增至1.5～2.0MPa后，将喷嘴对准火焰根部，扳动喷枪扳手，喷射灭火，如图5-28所示。使用时应注意，干粉灭火器不可倒置使用，扑灭油类物质火焰时，不可将灭火剂直喷油面，以免燃油被吹喷溅。

① 一只手握住压把，另一只手托着灭火器底部，取下灭火器

② 提着灭火器迅速赶到现场

③ 除掉铅封，拔除保险销

④ 据火焰2m处右手用力压下压把，使干粉喷射出来，左手拿着喷管左右摆动，使干粉覆盖整个燃烧区

图5-27 手持式干粉灭火器使用图解

干粉灭火器应放置在-10～55℃温度之间、干燥通风的环境中，防止干粉受潮变质；避免日光暴晒和强辐射热，以防失效。新购买的灭火器要注意检查压力表，使用后要半年检查一次，若压力表指针低于表盘绿区应予以检修充装。灭火器一经开启，无论灭火剂喷出多少，都必须重新充装。充装时应到消防监督部门认可的专业维修单位进行。充装时不得变换品种。要进行定期检查，如发现干粉结块或气量不足，应及时更换灭火剂或充气。灭火器每隔五年或每次再充装前，应进行水压试验，以保证耐压强度，检验合格后方可继续使用。

① 把干粉车拉或推到现场

② 右手抓着喷粉枪，左手展开胶管至平直，不能弯曲或打折

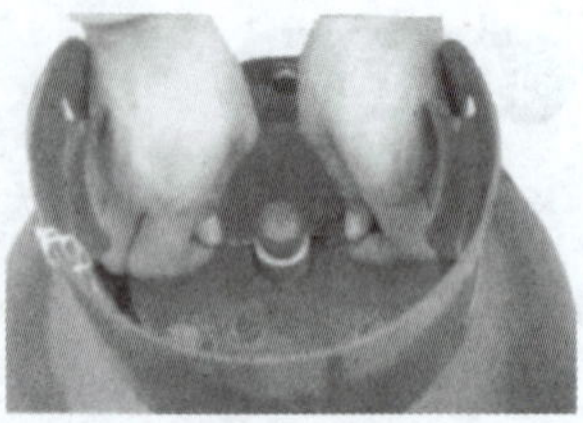

③ 除掉铅封，拔出保险销

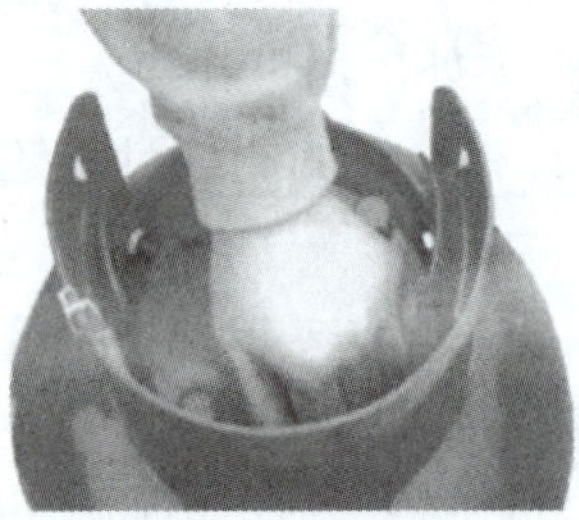

④ 用手掌使劲按下供气阀门

⑤ 左手把持喷粉枪管托，右手把持枪把，用手指扳动喷粉开关，对准火焰喷射。不断靠前左右摆动喷粉枪，把干粉笼罩住燃烧区，直至把火扑灭为止

图5-28　推车式干粉灭火器使用图解

段落话题

使用干粉灭火器灭火为什么要将喷嘴对准火焰根部喷射？

（4）1211灭火器的使用及维护方法

1211灭火器通过化学抑制作用灭火。1211灭火剂属于卤代烷灭火剂，化学名称是二氟一氯一溴甲烷，在常温常压下，它是无色气体，沸点为–4℃。一般把1211灭火剂封装在密闭的钢瓶中，充压2.5 ～ 3MPa，以液态储存。

1211灭火器有手提式和推车式两种，其使用方法与干粉灭火器一样。使用手提式1211灭火器时，先拔出保险销，一手握住开启把，另一手握住喷嘴处或扶住灭火器的底圈，用力将手把压下，灭火剂就从喷嘴喷出，松开手把时喷射中止。灭火时应将喷嘴对准火焰根部由近及远反复横扫，直到火焰完全熄灭为止。

1211本身含有氟的成分，具有较好的热稳定性和化学惰性，对钢、铜、铝等常用金属腐蚀作用小，由于灭火时是液化气体，所以灭火后不留痕迹，不污染物品；适应性广，对A、B、C类火灾及带电物体火灾都可有效扑灭，尤其对贵重物品、精密仪器、图书和资料标本等更具优越性。但不宜用于扑救金属火灾、无空气仍能迅速氧化的化学物质火灾及强氧化剂物质火灾等。

由于卤代烷灭火剂对大气臭氧层有破坏作用，非必须使用场所一律不准新配置1211

灭火器，一般不宜进行试验性喷射。操作时应注意防止对人的危害。平时要注意检查灭火器的铅封是否完好，压力表指针是否在绿色区域。如指针在红色区域，应查明原因，检修后重新灌装，并标明灌装日期。

段落话题

1211灭火器适应性广，效果好，为什么不能广泛应用？

5.3 灭火器的设置

灭火器是重要的消防器材，对消除火险或扑救初起火灾有重要的作用。为了确保灭火器能发挥应有的功能，在配置上要符合《建筑灭火器配置设计规范》GB 50140—2005有关要求。应注意以下几点。

① 放置明显，有指示标志，便于取用。一般放置于房间的出入口旁、走廊、车间的墙壁上等。应设有明显的指示标志来突出灭火器的设置位置，使人们在紧急情况时能及时地取到灭火。如图5-29所示。

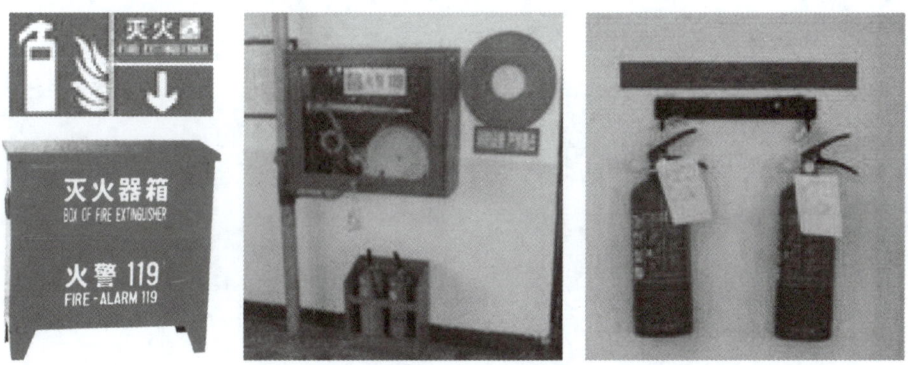

图5-29 灭火器的设置

② 不影响疏散。灭火器本身及灭火器的托架和灭火器箱等附件的设置位置不得影响安全疏散。

③ 放置牢固，设置要合理。手提式灭火器宜设置在挂钩、托架上或灭火器箱内，要防止发生跌落等现象；推车式灭火器不要放置在斜坡和地基不结实的地点。

④ 铭牌必须朝外。这是为让人们能方便地看清灭火器型号、适用扑救火灾的种类的用法等铭牌内容，使人们在拿到符合配置要求的灭火器后，能正确使用。

⑤ 应有保护措施。灭火器不应设置在潮湿或强腐蚀性的地点。设置在室外的要竖放在灭火器箱内，箱底距地面不少于0.15m。注意防冻，确保在低温情况下不影响灭火器的喷射性能和使用。

段落话题

将灭火器材锁于金属柜中合理吗？

6 实训评估

6.1 口头测试

（1）下列选项中，（　　）不能消除导致火灾的物质条件。

a.生产中尽量少用可燃物　　b.使空气中可燃物浓度保持在安全限度以下

c.加强爆炸危险物的管理　　d.采取必要的疏散措施

（2）火灾发生的三要素是（　　）。

a.助燃剂、可燃物、温度　　b.助燃剂、温度、引火源

c.可燃物、风量、引火源　　d.助燃剂、可燃物、引火源

（3）泡沫灭火器不能用于扑救由（　　）引起的火灾。

a.塑料　　b.汽油

c.煤油　　d.金属钠

（4）电器设备在发生火灾时不应该（　　）灭火剂。

a.卤代烷　　b.水

c.干粉　　d.1211

（5）干粉灭火器不适用于扑灭（　　）。

a.档案资料火灾　　b.电器火灾

c.甲烷燃烧　　d.可燃金属火灾

（6）二氧化碳灭火器不适用于扑灭（　　）。

a.档案资料火灾　　b.电器火灾

c.甲烷燃烧　　d.可燃金属火灾

（7）以下灭火器中，能够破坏大气臭氧层、要谨慎使用的是（　　）。

a.二氧化碳灭火器　　b.1211灭火器

c.干粉灭火器　　d.泡沫灭火器

（8）化学泡沫灭火器在使用时应该（　　）。

a.倒置　　b.倾斜

c.水平　　d.直立

（9）下列灭火器中，（　　）最适合扑灭由钠或镁金属造成的火灾。

a.二氧化碳灭火器　　b.泡沫灭火器

c.特别成分粉剂灭火器　　d.1211灭火器

（10）酒精燃烧，不能使用（　　）扑救。

a.泡沫　　b.1211灭火器

c.干粉灭火器　　d.二氧化碳灭火器

（11）火场中浓烟滚滚、视线不清呛得你喘不来气时，应（　　）。

a.迅速跑出

b.蹲下或匍匐逃离

c.待在原地

穿过浓烟逃生时，要尽量使身体贴近地面，并用湿毛由捂住口鼻

（12）灭火器放置在室外时，应（　　）。

a. 置入灭火器箱，放置在易取用处

b. 做好防盗，灭火器箱加

c. 放在隐蔽地点

（13）企业内消防栓（　　）用作搅拌混凝土用水、绿化带浇水。

a. 不得　　b. 可以

c. 必须　　d. 有时可以

6.2 情景训练

【任务】① 根据学习内容，按照表5-16中所列项目，正确地填写分析结果；② 进行灭火器使用的演练。

表5-16　常用灭火器的特点和使用方法

灭火器类型	泡沫灭火器	二氧化碳灭火器	干粉灭火器	1211灭火器
灭火剂种类				
适用火灾类型				
使用方法				
注意事项				

7 实训反馈

实训结束后未解决的技能问题	如何采取有效措施解决

第六篇

职业危害与急救

模块一 化学灼伤的急救

本模块任务

① 认识职业危害的因素；
② 了解化学灼伤及其常见的腐蚀性化学物质；
③ 了解化学灼伤的预防与急救措施；
④ 学会洗眼器和紧急喷淋装置的使用。

1 实训学时

4学时

2 实训器材

洗眼器、紧急喷淋装置、洗眼瓶、防护眼镜、橡胶手套、2%～3%的稀碳酸氢钠溶液、2%～3%稀硼酸溶液，盐酸、溴、苯酚三种药品及其MSDS。

3 实训建议

分组训练，实验室进行

4 训练导语

在涉及化学品的工厂或有化学品泄漏危险的工厂中，主要的职业危害之一是化学灼伤。化学灼伤事故是化学品安全中的防范重点。在这方面，员工尤其需要懂得自救，并做好个人防护，防止大面积灼伤、防止眼睛的灼伤。同时需掌握洗眼器、紧急喷淋装置的使用。

5 实训内容

5.1 认识职业危害的因素

（1）什么叫职业危害

由职业卫生问题造成的劳动者健康危害或劳动能力下降，叫职业危害。职业危害的特点是：慢性、积累性、渐进性，涉及的面广、几乎是作业现场的所有人员，危及的不光职工本人、还可能危及下一代。

（2）职业危害因素有哪些

作业场所存在的、可能对劳动者的健康及劳动能力产生有害作用的因素，统称为职业危害因素，分三类。第一类：生产工艺过程中的有害因素；第二类：劳动组织不当造成的有害因素（体现在劳动强度、工作时间和作业方式等方面）；第三类：生产劳动环境中有害因素（体现在光照、温度、空间整洁和宽敞程度等方面）。

化工生产工艺过程中的有害因素如下。

① 粉尘：硅石、铝粉、铁粉、染料、塑料（母料）、铅粉和石棉等。危害表现为尘肺、中毒和致癌。

② 生产性毒物：生产中泄漏、蒸发或可能接触到的氯气、光气、溴、氨、硫化氢、一氧化碳、二氧化碳、氯化氢、二硫化碳、苯蒸气、汞蒸气、含铅化合物、铬酸雾、硫酸雾、有毒电镀液等。危害表现为中毒、带毒状态（如带铅、带汞）、致突变、致癌和致畸等。

③ 腐蚀性物品：酸、碱等。危害表现为化学灼伤。

④ 其他：噪声、振动、电磁辐射、高温、低温和潮湿等。

5.2 认识化学灼伤及其常见冻伤、腐蚀性化学物质

（1）认识烧伤、化学灼伤

① 烧伤。由热的作用（高温或低温）和化学腐蚀造成人的肌体组织发生病变的伤害称烧伤（包括冻伤）。

烧伤分三级。一度烧伤，只损伤表皮；二度烧伤，轻二度伤及真皮浅层，重二度伤及真皮深层；三度烧伤，伤及皮肤全层，连同深部组织烧伤，现象为凝固性坏死。

一般，成人烧伤面积在15%以下的二度烧伤，称为小面积烧伤；超过15%的二度烧伤为大面积烧伤；超过30%的二度烧伤或超过15%的三度烧伤为严重烧伤。

② 化学灼伤。化学灼伤是腐蚀性物品对皮肤、黏膜刺激、腐蚀及化学反应热引起的急性损害。

按临床分类有体表（皮肤）化学灼伤、呼吸道化学灼伤、消化道化学灼伤、眼化学灼伤。

化学灼伤可能导致全身中毒，如黄磷灼伤、酚类物质灼伤、氯乙酸灼伤，同时可经皮肤、黏膜吸收引起中毒，甚至引起死亡。

（2）常见的导致冻伤的化学物质

如环氧乙烷，液氨，液氮，液体二氧化碳、液态低沸点烃类（乙烯等），卤代烃类（氟利昂等）等。

（3）常见的腐蚀性化学物

腐蚀性物品是指对皮肤接触在4h内发生可见的坏死现象，或在温度55℃时，对20号钢的表面均匀年腐蚀率超过6.26mm/年的固体或液体。

① 酸性物质。无机酸类：如盐酸、硝酸、硫酸、氢氟酸、氯磺酸和磷酸等；酸性盐类：如氯化铝和氯化铜等；有机酸类：如甲酸、乙酸、氯乙酸、过氧乙酸、草酸、丙烯酸等；酸酐类：如乙酸酐和五氧化二磷等。

② 碱性物质。无机碱类：如氢氧化钾、氢氧化钠、氨水和生石灰等；碱性盐类：如碳酸钠和硫化钠等；有机胺类：如甲胺、乙二胺和乙醇胺等。

③ 非金属单质及其化合物。如溴、溴酸钾、黄磷、三氯化磷、铬酸和重铬酸钾等。

④ 其他。酚类：如苯酚、甲酚等；醛类：如甲醛、乙醛、丙烯醛等；酰胺、酰氯类：如二甲基甲酰胺、草酰氯（乙二酰氯）等；过氧化物：如双氧水、过硫酸铵等。

【案例1】 在多菌灵胺化岗位，一位操作工因投石灰氮速度过快，导致乙炔爆炸。物料从反应釜的人孔喷出，冲到操作工的眼睛里。由于石灰氮是强碱性物质，因而在场的另一位操作工希望帮助受伤员工立即用水冲洗眼睛。但受伤员工因为疼痛不愿意继续冲洗，待值班班长将其送到医务室后情况已经变得非常不好，他的角眼膜已经被强碱灼伤，不可逆转。注意：眼睛灼伤必须就地冲洗。

【案例2】 溴素对皮肤、眼睛具有很强的腐蚀性，容易引起深度化学烧伤！在一个用到溴素反应的岗位，一位操作工在操作滴加溴素时，溴素突然从法兰连接处喷出，溅到脸上和手上。但他迅速打开旁边的紧急喷淋装置，并用大量水冲洗近15min。其他员工协助该员工换了污染的衣服，然后送医院治疗。患者经过两天的治疗后，很快恢复。若自救不及时，则可能后果严重。

5.3 化学灼伤的预防与急救措施

（1）化学灼伤的预防主要从三方面入手：防泄漏，减少暴露物，加强个人防护和预防设施。

① 防泄漏。加强对设备、管道的维护和保养，严防“跑、冒、滴、漏”；严格遵守操作规程，杜绝违章操作。如禁止使用浓酸（或浓碱）直接进行中和反应，稀释浓硫酸时应该在耐热容器中，程序是将浓硫酸倒入水中，并且要求缓慢。这样可防止物料溅出；搬运时，使用推车或双人担架，当心容器碰撞破裂，禁止肩扛；打开容器瓶口、桶口时，当心液体飞溅或雾气冲出。打开钢瓶阀门时，防止液化气体冻伤；设备检修前，应排尽其中物料，并作充分冲洗，查明接触过的腐蚀性化学物质，做好相应的防护。

② 减少暴露物。当刺激性气体泄漏，则开启通风装置；当腐蚀性液体泄漏，则使用化学吸液棉，可吸收各类酸性（包括氢氟酸）、碱性及大部分危险泄漏液，防止大面积化学液的溢出扩散。

③ 加强个人防护和预防设施。应按规定正确穿戴个人防护用品，包括使用防护眼

镜、橡胶手套等。眼睛特别注意防护；皮肤上有伤口要特别注意防护；在容易发生化学灼伤的工作场所，应设置洗眼器和紧急喷淋装置，配置洗眼瓶等冲洗设备；有针对性配备2%～3%的稀碳酸氢钠和2%～3%稀硼酸（或稀醋酸）溶液，以备急救时使用。

（2）化学灼伤的急救

① 发生化学腐蚀伤害，救护工作首先是尽快使受伤者脱离腐蚀环境。

② 除去沾有腐蚀性物品的衣服，用大量水冲洗创面15～30min，冬季注意保暖。

③ 眼睛受到腐蚀伤害，应优先予以处理，迅速用洗眼器冲洗，千万不要急于送医院。对于电石、生石灰等遇水燃烧类物质溅入眼内，应先用植物油或石蜡油棉签蘸去颗粒，再用洗眼器进行冲洗，然后送医院。

④ 用稀碳酸氢钠溶液（对于酸性腐蚀）或用硼酸溶液（对于碱性腐蚀）进行中和，尽快消除腐蚀性物品的直接作用。使用中和剂要谨慎，中和过程会放热，中和剂本身刺激创面，中和后必须用清水冲洗剩余的中和剂。

⑤ 黄磷灼伤时，用水冲洗、浸泡或用湿布覆盖创面，以隔绝空气，防止燃烧。

⑥ 遇冻伤，用温水（40～42℃）浸泡，或用温暖的衣服、毛毯等保温物包裹，使冻伤处温度回升。严重冻伤，急送医院。

⑦ 应急电话。国家化学事故应急咨询电话：0532-83889090，地方急救电话：120。

5.4 洗眼器和紧急喷淋装置的使用

（1）洗眼器和紧急喷淋装置的标志

使用化学品的工厂或有化学品泄漏危险的工厂，都必须设置可供员工使用的洗眼器。洗眼器应设在最靠近放有大量化学品的地方，比如配料车间或洗衣房，并在通道口设置明显的标志，见图6-1。

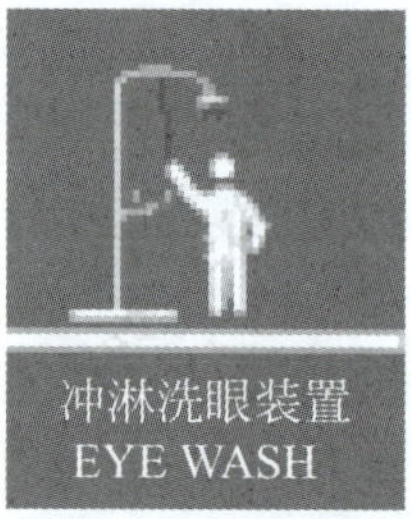

图6-1 洗眼器和紧急喷淋装置的标志

（2）洗眼器使用

将洗眼器的盖移开；推出手阀，有的为脚踏阀；用食指及中指将眼睑翻开及固定；将头向前，让清水冲洗眼睛最少15min；及时送诊所求医。

（3）洗眼瓶使用

将洗眼瓶取出，撕破封条及拧开瓶盖；把瓶口保持在眼睛或患处数寸；用手压瓶以控制流量，开始冲洗；如有需要，重复二至三次；及时送诊所求医。

警告：当伤口接近眼睛或患处、瓶内药水已变色及混浊、瓶上封条已被撕破、瓶盖已被打开等任何一种情况出现，都不应用洗眼瓶。

（4）紧急喷淋装置（安全花洒）

立即除下受化学品污染的衣服；站于紧急喷淋装置下，并拉动手环；让清水冲洗受伤部位最少15min；到诊所求医。

（5）洗眼器和紧急喷淋设备维护

洗眼器和紧急喷淋设备需要定期检点测试，测试项目见表6-1。在北方由于冬天水温很低，最好为洗眼器和紧急喷淋设备配备电热水器！

6 实训评估

6.1 口头测试

提示可以结合MSDS，或化学品安全标签，或作业场所化学品安全标签。

（1）在工业生产中，对苯酚加料有什么风险？选择什么防护用品？

（2）在工业生产中，对盐酸加料有什么风险？选择什么防护用品？

（3）当盐酸溅到衣服上，怎样急救？

表6-1 洗眼器和紧急喷淋设备需要定期检点测试表

设备位置：________________

测试时间：______年______月______日　　　　测试人员：______

检点测试项目	检点测试结果	结果评估	备注
设备是否被堆杂物	□是，通知改善 □是，已当场改善 □否，没有杂物堆积	□正常 □异常	
设备是否有污秽	□是，通知改善 □是，已当场改善 □否，没有杂物堆积	□正常 □异常	
设备是否生锈	□是，通知改善 □是，已当场改善 □否，没有杂物堆积	□正常 □异常	
洗眼设备喷头	□有盖子，会因启动，水压而自动喷开 □有盖子，需手动拿开 □没有盖子	□正常 □异常	
洗眼设备开关	□开关顺畅 □于秒内打开	□正常 □异常	
冲淋设备开关	□开关顺畅 □于秒内打开	□正常 □异常	
水质	□外观清晰 □外观有颜色、味道或杂物（铁锈、沙子） □送化验单位，结果	□正常 □异常	
水幕均匀度	□水幕均匀 □水幕偏向（中间、旁边、一边）	□正常 □异常	
冲淋水速	□不会对手皮肤刺痛 □太快，对手皮肤刺痛	□正常 □异常	
持续冲淋时间	□连接自来水，应可持续 □实际出水时间（min）	□正常 □异常	
设备高度	□同设置状况 □有改变，变化不大 □有改变，量测结果	□正常 □异常	

6.2 情景训练

【任务1】 洗眼器训练

实训组织 2人一组。一人使用洗眼器，一人观察；第二轮交换进行。

实训要求 教师先演示，然后学生训练；学生互评，教师现场评估。

【任务2】 紧急喷淋装置训练

实训组织 2人一组。一人使用紧急喷淋装置，一人观察；第二轮交换进行。

实训要求 准备雨衣和套鞋。教师先演示，然后学生训练；学生互评，教师现场评估。

【任务3】 化学灼伤的防护与急救训练（使用洗眼器）

实训组织 4人一组。一人训练个人防护用品穿戴，另一人假定被氨气灼伤眼睛而实施个人紧急自救，其他两人观察；第二轮交换进行。

实训要求 在一个模拟的氨气作业现场。指定一个学生按照氨化学品安全标签穿戴个人防护用品，另一学生假定没有穿戴个人防护用品而被氨气灼伤眼睛，让其实施个人紧急自救；学生互评，教师现场评估。

【任务4】 化学灼伤的防护与急救训练（使用紧急喷淋装置）

实训组织 4人一组。一人训练个人防护用品穿戴，另一人假定被溴素溅到裤子上而实施个人紧急自救，其他两人观察；第二轮交换进行。

实训要求 在一个模拟的溴素作业现场，指定一个学生按照溴素化学品安全标签穿戴个人防护用品，另一学生假定没有穿戴个人防护用品而被溴素溅到裤子上，让其实施个人紧急自救；学生互评，教师现场评估。

7 实训反馈

未解决的问题	有效措施

模块二 职业中毒的急救

本模块任务

① 认识工业毒物和常见的职业中毒；
② 了解作业环境中预防中毒的主要措施；
③ 了解突发中毒事故应急预案，学会突发中毒事故的抢救；
④ 学会做人工呼吸和胸外心脏按压。

1 实训学时

4学时

2 实训器材

过滤式呼吸器：半面罩呼吸保护器、全面罩呼吸保护器、动力空气净化呼吸保护器；隔离式呼吸器：长管式呼吸器、压缩空气式呼吸器、自备气源呼吸器；人体模型；有关危险化学品的MSDS；教师自编一个中毒事故的应急预案。

3 实训建议

分组训练，实验室进行

4 训练导语

对于危险化学品作业，了解职业中毒、预防及急救的相关知识和技能非常必要。在本模块中，通过掌握呼吸器使用以加强职业中毒的个人防护；通过演习启动突发中毒事故的应急预案，以体验中毒事故的救援过程。通过学会做人工呼吸、胸外心脏按压等心肺复苏术，以便在今后中毒事故的救援中发挥作用。

5 实训内容

5.1 认识工业毒物和常见的职业中毒

（1）工业毒物和毒性

① 工业毒物。物体进入机体，蓄积达一定的量后，与机体组织发生生物化学或生物

物理学变化，干扰或破坏机体的正常生理功能，引起暂时性或永久性的病理状态，甚至危及生命，称该物质为毒物。

工业生产过程中接触到的毒物，主要指化学物质，称为工业毒物。

② 工业毒物的物理状态。在生产环境中，毒物常以气体、蒸汽、烟尘、雾和粉尘等形式存在，其存在形式主要取决于毒物本身的理化性质、生产工艺、加工过程等。见图6-2。

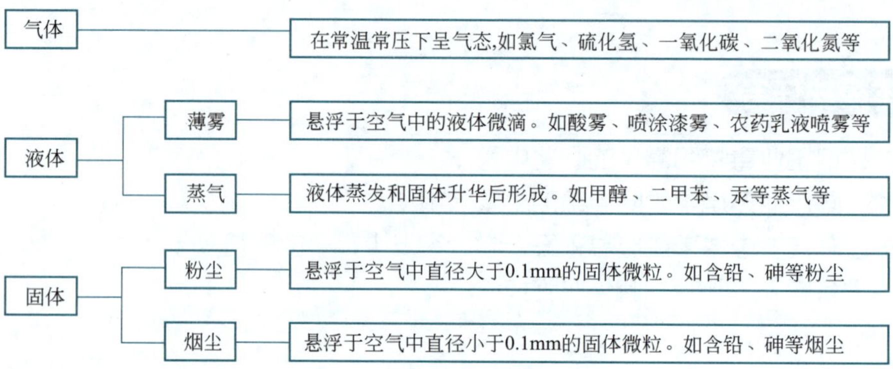

图6-2　工业毒物的物理状态

③ 工业毒物的种类（8类）。麻醉性毒物，如苯、甲醇、汽油；溶血性毒物，如砷化氢、二硝基甲苯；窒息性毒物，如一氧化碳、硫化氢；神经性毒物，如铅、有机磷农药；腐蚀性毒物，如硫酸、苯酚；刺激性毒物，如氯气、光气、氨气；致热源性毒物，如氧化锌；致敏性毒物，如对苯二胺、生漆。

④ 工业毒物的毒性。毒性是用来表示毒物的剂量与引起毒作用之间关系的一个概念。通常采用下列指标。

a.半数致死量或浓度（LD_{50}或LC_{50}）：引起一组受试动物中半数动物死亡的剂量或浓度。

b.绝对致死量或浓度（LD_{100}或LC_{100}）：引起一组动物全部死亡的最低剂量或浓度。

LD_{50}——半数致死量，以mg/kg表示，即换算成1kg动物体重需要毒物多少毫克。

LC_{50}——半数致死吸入浓度，以mg/m^{3}表示，即1m^{3}空气中含有多少毫克毒物。

毒物的急性毒性常按LD_{50}（吸入2h的结果）进行分级。毒物分为剧毒、高毒、中等毒、低毒和微毒等五级。见表6-2。

表6-2　毒物的急性分级

毒物分级	剧毒	高毒	中等毒	低毒	微毒
LD_{50}/（mg/kg）（大鼠一次经口）	<1	1～50	50～500	500～5000	>50000
对人可能致死量/g（60kg体重）	0.1	3	30	250	>1000

（2）常见的职业中毒

① 铅中毒。铅中毒症状为依剂量不同可导致急性中毒和慢性中毒，引起肝、脑、肾

等器官的改变。

危险性作业场所：铅矿开采，会接触硫化铅，进入胃后转化为氯化铅被吸收。铅冶炼中熔铅、铸铅、制铅、浮板等作业，以及铅字印刷、锡焊、化工生产中操作有铅制设备和熔铅加热介质，修理蓄电池等场所，都可能接触铅烟。在含铅颜料的生产中，使用含铅颜料的涂料、陶瓷、搪瓷、玻璃、塑料生产中，都可能接触含铅粉尘。

② 汞中毒。汞中毒的症状为引起急性或慢性中毒。急性中毒表现为病人有头痛、头晕、乏力、发热等全身症状，有明显口腔炎。部分患者皮肤出现红色斑丘疹，少数严重者发生间质性肺炎及肾脏损伤。慢性中毒表现为最早出现头痛、头晕等，后期出现记忆减退等神经衰弱综合征、汞毒性震颤、少数病人有肝、肾损伤。

危险性作业场所：汞矿冶炼和汞成品的加工，温度计、气压表的制造，水银电解法生产烧碱，甘汞试剂、电极及升汞消毒剂、催化剂使用等场所。

③ 苯中毒。毒性属中等毒类，LD50为3306mg/kg（大鼠经口）；IARC（国际癌症研究机构）评价为致癌物。IDLH（立即威胁生命和健康的浓度）为500ppm；潜在人类致癌物嗅阈为8.65ppm。中国规定最高允许浓度（MAC）为40mg/m3。

苯中毒症状为高浓度苯，对中枢神经系统有麻醉作用，轻者有头痛、头晕、轻度兴奋；重者出现明显头痛、恶心、呕吐、神志模糊、知觉丧失、昏迷、抽搐等，可因呼吸中枢麻痹死亡。长期接触高浓度苯，损害造血系统，可引起白血病。肺水肿、肝肾损害、皮肤损害及月经障碍。

危险性作业场所：石油裂解和煤焦油的分馏，以苯为原料的有机合成，以苯为溶剂或稀释剂的胶黏剂生产和使用、喷漆、印刷、橡胶加工等作业。

④ 刺激性气体中毒。刺激性气体中毒症状为急性中毒有眼、上呼吸道刺激征，有的发生肺炎，同时并发肺水肿。长期接触低浓度的刺激性气体可导致慢性支气管炎、结膜炎、咽炎及牙齿酸蚀症，同时伴有神经衰弱综合征和消化道症状。

危险性作业场所：刺激性气体主要有氯气、光气、氨气、一氧化氮、二氧化氮、氟化氢、二氧化硫、三氧化硫和硫酸二甲酯等。刺激性气体多有腐蚀性，生产中常因设备被腐蚀而发生跑、冒、滴、漏现象，或因管道、容器压力增高而使刺激性气体大量外逸造成中毒事故。

⑤ 窒息性气体中毒。窒息性气体主要有一氧化碳、硫化氢、二氧化碳等。

a.一氧化碳。中毒症状为轻度中毒可出现剧烈头痛、眩晕、心悸、胸闷、耳鸣、恶心、乏力等，部分重度中毒患者可发生迟发性脑病。长期接触低浓度的一氧化碳，可引起神经衰弱综合征、心律失常、心电图改变等。

危险性作业场所：煤气、水煤气的制造，用合成气（含一氧化碳）合成氨、甲醇、光气等，炼焦等场所。

b.硫化氢。中毒症状为轻度中毒主要是眼及上呼吸道刺激征。接触高浓度的硫化氢可立即昏迷、死亡。

危险性作业场所：含硫化合物的生产、人造纤维、玻璃纸制造，石油开采、炼制、半水煤气脱硫、含硫矿石的冶炼，含硫有机物发酵酸败等。

c.二氧化碳。中毒症状是二氧化碳中毒常为急性中毒。患者进入高浓度二氧化碳环境，几秒钟内立即昏迷倒下，若不能及时救出可致死亡。救出的患者常出现昏迷、反射消失、大小便失禁等，严重出现呼吸停止及休克。经抢救，轻者数小时内逐步苏醒，但仍头痛、乏力等；重者可昏迷较长时间，出现高热、惊厥等中毒性脑病症状。

危险性作业场所：汽水、啤酒生产，纯碱、尿素生产，不通风的发酵池，矿井、地窖、下水道等场所。

d.高分子化合物中毒。如酚醛树脂遇热释放出苯酚和甲醛而具有刺激作用。高分子化合物生产中常用的单体多为不饱和烯烃、芳香烃及卤代化合物、氰类、异氰酸酯类、二醇和二胺类化合物，这些单体多数对人体有危害。

e.农药中毒。如有机磷中毒。

5.2 作业环境中的中毒预防

化学品的预防控制包括中毒、污染事故预防和火灾、爆炸事故预防。而化学品中毒预防又主要从工程技术和个人防护两个方面采取措施。

（1）工程技术措施

① 替代。选用无害或危害性小的化学品替代已有的有毒有害化学品是消除化学品危害最根本的方法。例如用水基涂料或水基胶黏剂替代有机溶剂基的涂料或胶黏剂；使用水基洗涤剂替代溶剂基洗涤剂；喷漆和除漆用的苯可用毒性小于苯的甲苯替代；用高闪点化学品取代低闪点化学品等。注意："替代"后会比较安全，但比较安全不一定是安全！

② 变更工艺。改革生产工艺和操作方法。如改喷涂为电涂或浸涂，改人工装料为机械自动装料，改干法粉碎为湿法粉碎等。

③ 隔离。采用物理的方式将化学品暴露源与工人隔离开的方式，是控制化学危害最彻底、最有效的措施。最常用的隔离方法是将生产或使用的化学品用设备完全封闭起来，使工人在操作中不接触化学品。隔离密封系统需要经常检查维修，防泄漏。

④ 通风。控制作业场所中的有害气体、蒸汽或粉尘，通风是最有效的控制措施。借助于有效的通风，使气体、蒸汽或粉尘的浓度低于最高容许浓度。通风分局部通风和全面通风两种。对于点式扩散源，可使用局部通风。使用局部通风时，污染源应处于通风罩控制范围内。对于面式扩散源，要使用全面通风，亦称稀释通风。

（2）个体防护措施

在无法将作业场所中有害化学品的浓度降低到最高容许浓度以下时，工人就必须使用合适的个体防护用品。个体防护用品既不能降低工作场所中有害化学品的浓度，也不能消除工作场所的有害化学品，而只是一道阻止有害物进入人体的屏障。防护用品本身的失效就意味着保护屏障的消失，因此个体防护不能被视为控制危害的主要手段，而只能作为一种辅助性措施。

据统计，职业中毒的95%左右是吸入毒物所致，因此预防尘肺、职业中毒、缺氧窒息的关键是防止毒物从呼吸器官侵入。所用的呼吸防护用品主要有过滤式（净化式）面罩和隔绝式（供气式）面罩两种。

① 过滤式呼吸器：分为过滤式防尘呼吸器和过滤式防毒呼吸器。过滤式防毒呼吸器均配面罩，有半面罩、全面罩呼吸保护器，动力空气净化呼吸保护器，动力头盔呼吸保护器等多类别，见图6-3。每类别有不同型号，可以防护不同毒气，针对的毒气有氰化

氢、苯、氨气、硫化氢、一氧化碳等。

适合在不缺氧的劳动环境（即氧的含量不低于18%）和低浓度毒物污染（2%以下）场合下使用。一般不能用于罐、槽等密闭狭小容器中作业人员的防护。

② 隔离式呼吸器：均配面罩，有长管式、压缩空气式、自备气源式等多种呼吸器，见图6-4。由呼吸器自身供气（空气或氧气）或从清洁环境中引入空气维持人体的正常呼吸，戴用者的呼吸器官与污染环境隔离。可在缺氧、尘毒严重污染、情况不明的有生命危险的工作场所使用。按供气形式分为自给式和长管式两种类型。

图6-3 过滤式呼吸器

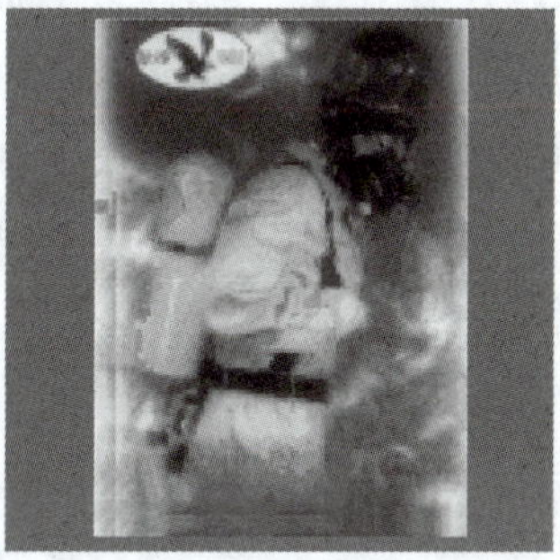

图6-4 隔离式呼吸器

使用呼吸器的所有人员都必须进行正规培训，以掌握呼吸器的使用、保管和保养方法。

5.3 中毒事故应急预案

（1）编制中毒事故应急预案

中毒事故应急预案是化学事故应急救援预案的一种，可参考国家安全生产监督管理总局颁布的《危险化学品事故灾难应急预案》（2006年10月）及《危险化学品事故应急救援预案编制导则（单位版）》进行编写。《危险化学品事故应急救援预案编制导则（单位版）》见附录二。

（2）一般急救原则

化工厂中职业中毒以通过呼吸道中毒居多。呼吸道中毒，多数情况是导致患者肺水肿。注意，进水、进食后可能加重病情！患者从毒物现场救出后，先做中毒诊断，再做紧急处理。

① 中毒诊断：平放，查脉搏，查呼吸。

② 紧急处理：置神志不清的病员于侧位，防止气道梗阻，呼吸困难时给予氧气吸入；呼吸停止时立即进行人工呼吸；心脏停止者立即进行胸外心脏按压。意识丧失患者，要注意瞳孔、呼吸、脉搏及血压的变化，及时除去口腔异物；有抽搐发作时，要及时使用安定或苯巴比妥类止痉剂。

③ 经现场处理后，应迅速护送至医院救治。见图6-5。

图6-5 中毒事故急救演习

记住：口对口的人工呼吸及冲洗污染的皮肤或眼睛时要避免进一步受伤！

5.4 心肺复苏术

（1）对患者检查

① 检查心跳：正常为60～100次/min。大出血病人，心跳加快，但力量弱，心跳达到120次/分钟时多为早期休克。病人死亡（包括假死）时，心跳停止。

② 检查呼吸：正常为16～20次/min。垂危病人呼吸变快、变浅和不规则。可用一薄纸片放于病人鼻孔旁，看飘动情况判定有无呼吸。

③ 查看瞳孔：正常为大、等圆，见光迅速收缩。严重受伤病人，两瞳孔大小不一样，可能缩小，更多情况是扩大，用电筒照射瞳孔收缩迟钝。死亡症状为瞳孔放大，用电筒照射瞳孔不收缩，背部、四肢出现红色尸斑，皮肤青灰，身体僵冷。

（2）对患者急救

患者从毒物现场救出后，如有呼吸、心脏活动停止，应立即进行心肺复苏术。

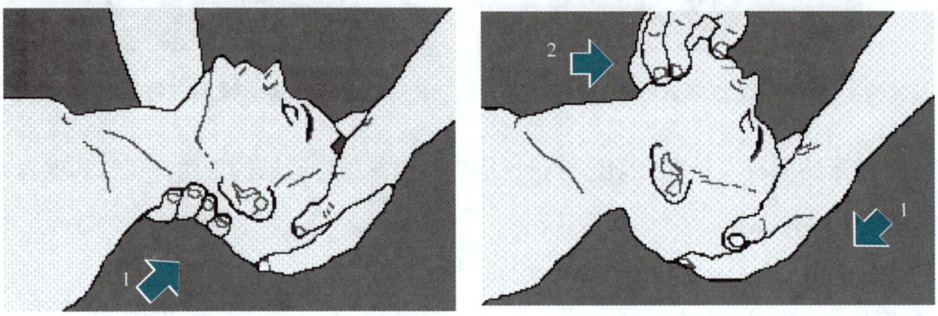

①施救者右手托住伤员颈部，左手使伤员头部后仰　　②左手维持头部后仰位，右手将下颌朝前位

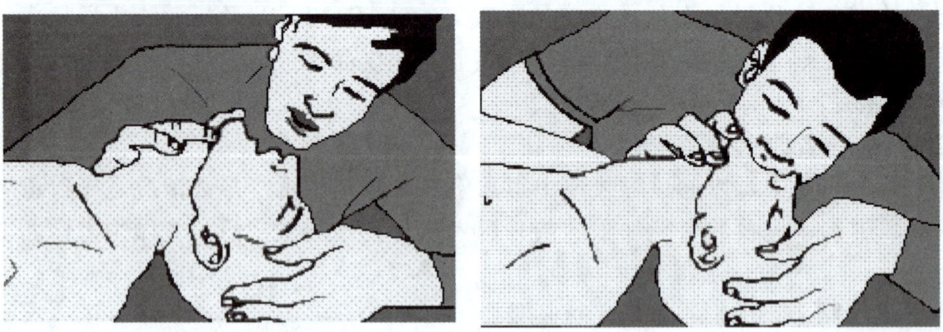

③施救者吸入新鲜空气　　④口对口吹气，每5秒钟反复一次，直到恢复自主呼吸

图6-6　人工呼吸示意图

① 保持气管通畅：取出口内异物，清分泌物。用手推前额使头部尽量后仰，另一手臂将颈部向前抬起。

② 人工呼吸（恢复呼吸）：施救者用一手捏闭患者的鼻孔（或口唇），然后深吸一大口气，迅速用力向患者口（或鼻）内吹气，然后放松鼻孔（或口唇），每5s反复一次，直到恢复自主呼吸，见图6-6。或使用急救呼吸器。

③ 胸外心脏按压（恢复血液循环）：施救者以一手掌根部置于胸骨下1/3至1/2处，

双手重叠，手掌根部与胸骨长轴平行，双肩及上身压力置于手掌根部，垂直地向胸骨按压，压陷3.5～5cm为宜，然后迅速放松压力，但手掌根要保持在原位置。每秒反复一次。按压要有节奏、压力均匀且不中断，见图6-7。

注意：按压力要合适，切勿过猛。按压与放松时间大致相等，且按压与人工呼吸次数比例为5∶1，即按压胸部五次，停一下，口对口吹气一次。

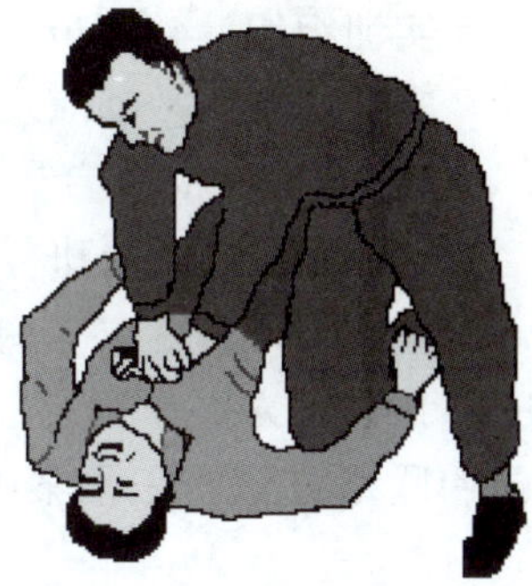

图6-7 胸外心脏按压

6 课程评估

6.1 口头测试

（1）（　　）作业场所更可能导致苯中毒。

a.连续封闭生产的乙苯合成岗位

b.使用含苯胶黏剂的制鞋车间

c.强制通风的喷漆车间

d.连续封闭生产的煤焦油分馏车间

（2）（　　）属于能导致中毒的刺激性气体。

a.氨气　　b.一氧化碳

c.硫化氢　　d.苯蒸气

（3）（　　）属于能导致中毒的窒息性气体。

a.二氧化碳　　b.氯气

c.甲醇蒸气　　d.硫化氢

（4）在半水煤气（含CO）输送的鼓风机岗位，预防中毒的工程技术措施主要为（　　）。

a.替代　　b.变更工艺

c.隔离　　d.通风

（5）在大量氯气泄漏的急救现场，只能使用（　　）。

a.全面罩呼吸保护器　　b.动力空气净化呼吸保护器

c.动力头盔呼吸保护器　　d.某种的隔离式呼吸器

6.2 情景训练

【任务1】 呼吸器的选用和使用

实训组织 4人一组。一人选择并使用呼吸器，其他三人观察。

实训要求 假设一个化学品作业现场，并附MSDS和作业场所化学品安全标签。学生根据MSDS和作业场所化学品安全标签，选择正常作业时采用的呼吸器，并佩戴；如果出现该有毒化学品的泄漏、需要急救，那么选择并使用相应的呼吸器。学生互评，教师现场评估。

【任务2】 心肺复苏术训练

实训组织 4人一组。一人对人体模型做心肺复苏，其他三人观察。

实训要求 教师演示，学生分组训练。学生互评。教师现场指正。

【任务3】 演习启动突发中毒事故应急预案

实训组织 一个班分两组进行，一组按预案演习中毒事故救援，另一组观察评估。

实训要求假定某实验室发生化学中毒事故，教师以班的一半人数编制一个中毒事故应急预案。人员作相应分工，并根据预案备齐相应设备，放于指定地点。每个人明确自己的联络方式、在预案中承担的分工责任和自己使用救援设备的位置。两组交换角色演习。

教师为应急救援的总指挥，宣布演习结束，总结演习过程。

7 实训反馈

未解决的问题	有效措施

附录

附录一　危险化学品与禁忌物料配存性能表

危险化学品的种类与名称			配存顺号																								
爆炸品		点火器材	1	1																							
		起爆器材	2	×	2																						
		炸药及爆炸性药品（不同品名不得同库配存）	3	×	×	3																					
		其他爆炸品	4	△	×	×	4																				
氧化剂		有机氧化剂	5	×	×	×	×	5																			
		亚硝酸盐、亚氯酸盐、次氯酸盐①	6	△	△	△	△	×	6																		
		其他无机氧化剂②	7	△	△	△	△	×	×	7																	
压缩气体和液化气体		剧毒（液氯与液氨不得同库配存）	8		×	×	×	×	×	×	8																
		易燃	9	△	×	×	△	×	△	△		9															
		助燃（氧及空气钢瓶不得与油脂同库配存）	10	△	×	×	△					△	10														
		不燃	11		×	×								11													
自燃物品		一级	12	△	×	×	×	×	△	△	×	×	×		12												
		二级	13		×	×	△				×	△	△			13											
遇水燃烧物品（不得与含水液体货物同库配存）			14		×	×	×	△	△	△	△	△	△		×		14										
易燃物品			15	△	×	×	×	×	△		×		×		×	△		15									
易燃固体（H发泡剂不得与酸性腐蚀品，有毒或易燃酯类配存）			16		×	×	△	×	△	△	×		×		×				16								
毒害品		氰化物	17		△	△														17							
		其他毒害品	18		△	△															18						
腐蚀物品	酸性腐蚀物品	溴	19	△	×	×	×	×				△			×	△	△	△		×	△	19					
		过氧化氢	20	△	×	×	△	△							△	△	×	△		×	△		20				
		硝酸、发烟硝酸、硫酸、发烟硫酸、氯磺酸	21	△	×	×	×	×	×	①	×	×	△	△	×	×	△	△	△	×	△	△	△	21			
		其他酸性腐蚀物品	22	△	×	×	△	△	△	△	△	△			△		△			×	△		△	△	22		
	碱性及其他腐蚀品	生石灰、漂白粉	23		△	△	△		△	△								△					△	×	△	23	
		其他（无水肼、水合肼、氨水不得与氧化剂配存）	24														△							×			24

①除硝酸盐（如硝酸钠、硝酸钾、硝酸铵等）与硝酸、发烟硝酸可以配存外，其他情况均不得配存。

②无机氧化剂不得与松软的粉状可燃物（如煤粉、焦粉、炭粉、炭黑、糖、淀粉、锯末）配存。

注：1.无配存符号表示可以配存；

2. △表示可以配存，但堆放时隔离2m；

3. ×表示不可以配存；

4.有注释时按注释规定办理。

附录二　危险化学品事故应急救援预案编制导则（单位版）

（国家安全生产监督管理局编制）（2004年4月）

1　范围

本导则规定了危险化学品事故应急救援预案编制的基本要求。一般化学事故应急救援预案的编制要求参照本导则。

本导则适用于中华人民共和国境内危险化学品生产、储存、经营、使用、运输和处置废弃危险化学品单位（以下简称危险化学品单位）。主管部门另有规定的，依照其规定。

2　规范性引用文件

下列文件中的条文通过在本导则的引用而成为本导则的条文。凡是注日期的引用文件，其随后所有修改（不包括勘误的内容）或修订版均不适用本导则，同时，鼓励根据本导则达成协议的各方研究是否可使用这些文件的最新版本。凡是不注日期的引用文件，其最新版本适用于本导则。

《中华人民共和国安全生产法》（中华人民共和国主席令第70号）

《中华人民共和国职业病防治法》（中华人民共和国主席令第60号）

《中华人民共和国消防法》（中华人民共和国主席令第83号）

《危险化学品安全管理条例》（国务院令第344号）

《使用有毒物品作业场所劳动保护条例》（国务院令第352号）

《特种设备安全监察条例》（国务院令第373号）

《危险化学品名录》（国家安全生产监督管理局公告2003第1号）

《剧毒化学品目录》（国家安全生产监督管理局等8部门公告2003第2号）

《化学品安全技术说明书编写规范》（GB 16483）

《重大危险源辨识》（GB 18218）

《建筑设计防火规范》（GBJ 16）

《石油化工企业设计防火规范》（GB 50160）

《常用化学危险品贮存通则》（GB 15603）

《原油和天然气工程设计防火规范》（GB 50183）

《企业职工伤亡事故经济损失统计标准》（GB 6721）

3　名词解释

3.1　危险化学品

指属于爆炸品、压缩气体和液化气体、易燃液体、易燃固体、自燃物品和遇湿易燃物品、氧化剂和有机过氧化物、有毒品和腐蚀品的化学品。

3.2 危险化学品事故

指由一种或数种危险化学品或其能量意外释放造成的人身伤亡、财产损失或环境污染事故。

3.3 应急救援

指在发生事故时，采取的消除、减少事故危害和防止事故恶化，最大限度降低事故损失的措施。

3.4 重大危险源

指长期地或临时地生产、搬运、使用或者储存危险物品，且危险物品的数量等于或者超过临界量的单元（包括场所和设施）。

3.5 危险目标

指因危险性质、数量可能引起事故的危险化学品所在场所或设施。

3.6 预案

指根据预测危险源、危险目标可能发生事故的类别、危害程度，而制定的事故应急救援方案。要充分考虑现有物质、人员及危险源的具体条件，能及时、有效地统筹指导事故应急救援行动。

3.7 分类

指对因危险化学品种类不同或同一种危险化学品引起事故的方式不同发生危险化学品事故而划分的类别。

3.8 分级

指对同一类别危险化学品事故危害程度划分的级别。

4 编制要求

（1）分类、分级制定预案内容；

（2）上一级预案的编制应以下一级预案为基础；

（3）危险化学品单位根据本导则及本单位实际情况，确定预案编制内容。

5 编制内容

5.1 基本情况

主要包括单位的地址、经济性质、从业人数、隶属关系、主要产品、产量等内容，周边区域的单位、社区、重要基础设施、道路等情况。危险化学品运输单位运输车辆情况及主要的运输产品、运量、运地、行车路线等内容。

5.2 危险目标及其危险特性、对周围的影响

5.2.1 危险目标的确定

可选择对以下材料辨识的事故类别、综合分析的危害程度，确定危险目标：

（1）生产、储存、使用危险化学品装置、设施现状的安全评价报告；

（2）健康、安全、环境管理体系文件；

（3）职业安全健康管理体系文件；

（4）重大危险源辨识结果；

（5）其他。

5.2.2 根据确定的危险目标，明确其危险特性及对周边的影响

5.3 危险目标周围可利用的安全、消防、个体防护的设备、器材及其分布

5.4 应急救援组织机构、组成人员和职责划分

5.4.1 应急救援组织机构设置

依据危险化学品事故危害程度的级别设置分级应急救援组织机构。

5.4.2 组成人员

（1）主要负责人及有关管理人员；

（2）现场指挥人。

5.4.3 主要职责

（1）组织制订危险化学品事故应急救援预案；

（2）负责人员、资源配置、应急队伍的调动；

（3）确定现场指挥人员；

（4）协调事故现场有关工作；

（5）批准本预案的启动与终止；

（6）事故状态下各级人员的职责；

（7）危险化学品事故信息的上报工作；

（8）接受政府的指令和调动；

（9）组织应急预案的演练；

（10）负责保护事故现场及相关数据。

5.5 报警、通信联络方式

依据现有资源的评估结果，确定以下内容：

（1）24小时有效的报警装置；

（2）24小时有效的内部、外部通信联络手段；

（3）运输危险化学品的驾驶员、押运员报警及与本单位、生产厂家、托运方联系的方式、方法。

5.6 事故发生后应采取的处理措施

(1) 根据工艺规程、操作规程的技术要求，确定采取的紧急处理措施；

(2) 根据安全运输卡提供的应急措施及与本单位、生产厂家、托运方联系后获得的信息而采取的应急措施。

5.7 人员紧急疏散、撤离

依据对可能发生危险化学品事故场所、设施及周围情况的分析结果，确定以下内容：

(1) 事故现场人员清点，撤离的方式、方法；

(2) 非事故现场人员紧急疏散的方式、方法；

(3) 抢救人员在撤离前、撤离后的报告；

(4) 周边区域的单位、社区人员疏散的方式、方法。

5.8 危险区的隔离

依据可能发生的危险化学品事故类别、危害程度级别，确定以下内容：

(1) 危险区的设定；

(2) 事故现场隔离区的划定方式、方法；

(3) 事故现场隔离方法；

(4) 事故现场周边区域的道路隔离或交通疏导办法。

5.9 检测、抢险、救援及控制措施

依据有关国家标准和现有资源的评估结果，确定以下内容：

(1) 检测的方式、方法及检测人员防护、监护措施；

(2) 抢险、救援方式、方法及人员的防护、监护措施；

(3) 现场实时监测及异常情况下抢险人员的撤离条件、方法；

(4) 应急救援队伍的调度；

(5) 控制事故扩大的措施；

(6) 事故可能扩大后的应急措施。

5.10 受伤人员现场救护、救治与医院救治

依据事故分类、分级，附近疾病控制与医疗救治机构的设置和处理能力，制订具有可操作性的处置方案，应包括以下内容：

(1) 接触人群检伤分类方案及执行人员；

(2) 依据检伤结果对患者进行分类现场紧急抢救方案；

(3) 接触者医学观察方案；

(4) 患者转运及转运中的救治方案；

(5) 患者治疗方案；

(6) 入院前和医院救治机构确定及处置方案；

(7) 信息、药物、器材储备信息。

5.11 现场保护与现场洗消

5.11.1 事故现场的保护措施

5.11.2 明确事故现场洗消工作的负责人和专业队伍

5.12 应急救援保障

5.12.1 内部保障

依据现有资源的评估结果，确定以下内容：

（1）确定应急队伍，包括抢修、现场救护、医疗、治安、消防、交通管理、通讯、供应、运输、后勤等人员；

（2）消防设施配置图、工艺流程图、现场平面布置图和周围地区图、气象资料、危险化学品安全技术说明书、互救信息等存放地点、保管人；

（3）应急通信系统；

（4）应急电源、照明；

（5）应急救援装备、物资、药品等；

（6）危险化学品运输车辆的安全、消防设备、器材及人员防护装备；

（7）保障制度目录

① 责任制；

② 值班制度；

③ 培训制度；

④ 危险化学品运输单位检查运输车辆实际运行制度（包括行驶时间、路线，停车地点等内容）；

⑤ 应急救援装备、物资、药品等检查、维护制度（包括危险化学品运输车辆的安全、消防设备、器材及人员防护装备检查、维护）；

⑥ 安全运输卡制度（安全运输卡包括运输的危险化学品性质、危害性、应急措施、注意事项及本单位、生产厂家、托运方应急联系电话等内容。每种危险化学品一张卡片每次运输前，运输单位向驾驶员、押运员告之安全运输卡上有关内容，并将安全卡交驾驶员、押运员各一份）；

⑦ 演练制度。

5.12.2 外部救援

依据对外部应急救援能力的分析结果，确定以下内容：

（1）单位互助的方式；

（2）请求政府协调应急救援力量；

（3）应急救援信息咨询；

（4）专家信息。

5.13 预案分级响应条件

依据危险化学品事故的类别、危害程度的级别和从业人员的评估结果，可能发生的事故现场情况分析结果，设定预案的启动条件。

5.14 事故应急救援终止程序

5.14.1 确定事故应急救援工作结束

5.14.2 通知本单位相关部门、周边社区及人员事故危险已解除

5.15 应急培训计划

依据对从业人员能力的评估和社区或周边人员素质的分析结果，确定以下内容：
（1）应急救援人员的培训；
（2）员工应急响应的培训；
（3）社区或周边人员应急响应知识的宣传。

5.16 演练计划

依据现有资源的评估结果，确定以下内容：
（1）演练准备；
（2）演练范围与频次；
（3）演练组织。

5.17 附件

（1）组织机构名单；
（2）值班联系电话；
（3）组织应急救援有关人员联系电话；
（4）危险化学品生产单位应急咨询服务电话；
（5）外部救援单位联系电话；
（6）政府有关部门联系电话；
（7）本单位平面布置图；
（8）消防设施配置图；
（9）周边区域道路交通示意图和疏散路线、交通管制示意图；
（10）周边区域的单位、社区、重要基础设施分布图及有关联系方式，供水、供电单位的联系方式；
（11）保障制度。

6 编制步骤

6.1 编制准备

（1）成立预案编制小组；
（2）制定编制计划；
（3）收集资料；
（4）初始评估；

（5）危险辨识和风险评价；
（6）能力与资源评估。

6.2 编写预案

6.3 审定、实施

6.4 适时修订预案

7 预案编制的格式及要求

7.1 格式

7.1.1 封面

标题、单位名称、预案编号、实施日期、签发人（签字）、公章。

7.1.2 目录

7.1.3 引言、概况

7.1.4 术语、符号和代号

7.1.5 预案内容

7.1.6 附录

7.1.7 附加说明

7.2 基本要求

（1）使用A4白色胶版纸（70g以上）；
（2）正文采用仿宋4号字；
（3）打印文本。

附录三　危险货物包装标志

1　中国危险货物包装标志

包装标志1
爆炸品标志
（符号：黑色；
底色：橙红色）

包装标志2
爆炸品标志
（符号：黑色；
底色：橙红色）

包装标志3
爆炸品标志
（符号：黑色；
底色：橙红色）

包装标志4
易燃气体标志
（符号：黑色或白色；
底色：正红色）

包装标志5
不燃气体标志
（符号：黑色或白色；
底色：绿色）

包装标志6
有毒气体标志
（符号：黑色；底色：
白色）

包装标志7
易燃液体标志
（符号：黑色或白色；
底色：正红色）

包装标志8
易燃固体标志
（符号：黑色；
底色：白色红条）

包装标志9
自然物品标志
（符号：黑色；
底色：上白下红）

包装标志10
遇湿易燃物品标志
（符号：黑色或白色；
底色：蓝色）

包装标志11
氧化剂标志
（符号：黑色；
底色：柠檬黄色）

包装标志12
有机过氧化物标志
（符号：黑色；
底色：柠檬黄色）

包装标志13
剧毒品标志
（符号：黑色；
底色：白色）

包装标志14
有毒品标志
（符号：黑色；
底色：白色）

包装标志15
有害品标志
（符号：黑色；
底色：白色）

包装标志16
感染性物品标志
（符号：黑色；
底色：白色）续表

续表

 包装标志17 一级放射品标志符号：黑色； 底色：白色， 附一条红竖线	 包装标志18 二级放射品标志符号：黑色； 底色：上黄下白， 附二红竖线	 包装标志19 三级放射品标志符号：黑色； 底色：上黄下白， 附三红竖线	 包装标志20 腐蚀品标志 （符号：上黑下白； 底色：上白下黑）
 包装标志21 杂类标志符号：黑色； 底色：白色			

2 联合国危险货物运输标志

 第1.1，1.2和1.3类 爆炸的炸弹	 第1.4类 不产生重大危害的爆炸品	 第1.5类 具有大规模爆炸性，但极不敏感的物品	 第1.6类 爆炸品
 第2.1类 易燃气体	 第2.1类 易燃气体	 第2.2类 不燃气体	 第2.2类 不燃气体

续表

第2.3类 有毒物气体	第3类 易燃液体	第3类 易燃液体	第4.1类 易燃固体
第4.2类 易自燃物品	第4.3类 遇水释放易燃 气体的物品	第4.3类 遇水释放易燃 气体的物品	第5.1类 氧化剂
第5.1类 有机过氧化物	第6.1类 有毒物质	第6.2类 感染性物质	第7类 Ⅰ级放射性物品
第7类 Ⅱ级放射性物品	第7类 Ⅲ级放射性物品	第7类 裂变性物质	第8类 腐蚀性物品
第9类 杂类危险物品			

3 国际通用危险货物运输标志

爆炸性

易燃气体

不燃气体

有毒气体

吸入有害

易燃液体

易燃固体

易自燃固体

遇湿易燃物品

氧化剂

有机过氧化物

毒害物

毒害物

易染病毒物质

有害物

Ⅰ级放射性物品

Ⅱ级放射性物品

Ⅲ级放射性物品

腐蚀性物品

其他的有害物件

续表

货机专用：在内容物和一包的内容量上只有货机可能装载物品	不可颠倒	海洋污染物	

4 欧盟危险化学品标志

危险化学品标志			
腐蚀性物品	爆炸品	易燃品	环境污染物
氧化剂	毒性物质	有害物质	
其他危险标志			
生物危害	放射性	毒性	

附录四　安全标志（GB 2894—1996）

禁止标志			
 禁止吸烟	 禁止烟火	 禁止带火种	 禁止用水灭火
 禁止放易燃物	 禁止启动	 禁止合闸	 禁止转动
 禁止触摸	 禁止跨越	 禁止攀登	 禁止跳下
 禁止入内	 禁止停留	 禁止通行	 禁止靠近

续表

禁止标志			
 禁止乘人	 禁止堆放	 禁止抛物	 禁止戴手套
 禁止穿化纤服装	 禁止穿带钉鞋	 禁止饮用	
警告标志			
 1.注意安全	 2.当心火灾	 3.当心爆炸	 4.当心腐蚀
 5.当心中毒	 6.当心感染	 7.当心触电	 8.当心电缆

续表

警告标志			
 9. 当心机械伤人	 10. 当心伤手	 11. 当心扎脚	 12. 当心吊物
 13. 当心坠落	 14. 当心落物	 15. 当心坑洞	 16. 当心烫伤
 17. 当心弧光	 18. 当心塌方	 19. 当心冒顶	 20. 当心瓦斯
 21. 当心电离辐射	 22. 当心裂变物质	 23. 当心激光	 24. 当心微波
 25. 当心车辆	 26. 当心火车	 27. 当心滑跌	 28. 当心绊倒

续表

指令标志			
 1.必须戴防护眼镜	 2.必须戴防毒面具	 3.必须戴防尘口罩	 4.必须戴护耳器
 5.必须戴安全帽	 6.必须戴防护帽	 7.必须戴防护手套	 8.必须穿防护鞋
 9.必须系安全带	 10.必须穿救生衣	 11.必须穿防护服	 12.必须加锁
提示标志			
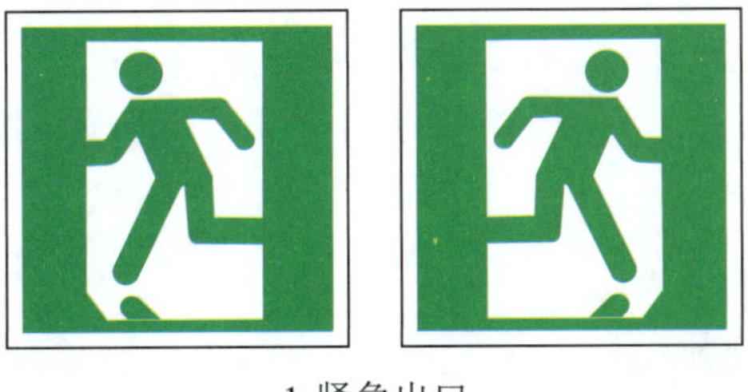 1.紧急出口		 2.可动火区	 3.避险处

附录五　ISO 9000：2005系列标准名录

1　国际专题研究组协议

（1）IWA1：2005质量管理体系-健康护理行业指南；

（2）IWA2：2003质量管理体系-质量管理体系-ISO 9001：2000在教育方面的应用指南；

（3）IWA4：2005质量管理体系-为地方政府开发的质量管理体系业绩改进指南。

2　标准

（1）ISO 9000：2005质量管理体系-基础和词汇；

（2）ISO 9001：2000质量管理体系-要求；

（3）ISO 9004：2000质量管理体系-业绩改进的指南；

（4）ISO 10005：2005质量管理-质量计划的指南；

（5）ISO 10006：2003质量管理-项目管理质量指南；

（6）ISO 10015：1999质量管理-培训指南；

（7）ISO 10007：2003质量管理-技术状态管理指南；

（8）ISO 10012：2003测量设备的质量保证要求-测量过程控制指南和测量设备的要求；

（9）ISO 13485：2003医疗器械质量管理体系-用于法规的要求；

（10）ISO 15161：2001食品与饮料行业在ISO9001：2000的应用指南；

（11）ISO 15189：2003医学实验室质量和能力的特别要求；

（12）ISO 19011：2002质量和/或环境的管理体系审核指南；

（13)ISO/IEC 90003：2004软件工程-计算机软件的ISO9001：2000的应用程序指南；

（14）ISO 10002：2004质量管理顾客满意-组织投诉处理指南；

（15）ISO 10019：2005质量管理体系咨询机构选择和他们的服务使用指南；

（16）ISO 14964：2000机器的振动和冲击-固定建筑物的振动——有关振动测量和评估中质量管理的详细要求；

（17）ISO 34：2000指南手册 供方能力的一般要求。

3　五项技术报告

（1）ISO/TR 10013：2001质量手册 编制指南；

（2）ISO/TR 10014：1998质量经济性管理指南；

（3）ISO/TR 10017：2003统计技术上的指南；

（4）ISO/TR 14969：2004为ISO 13485标准的应用提供技术指南；

（5）ISO/TR 13352：1997应用于铁矿工业ISO 9000族的系列指南。

参考文献

[1] 刘景良. 化工安全技术. 第2版. 北京：化学工业出版社，2008.

[2] 孙伟民. 化工清洁生产技术概论. 北京：化学工业出版社，2007.

[3] 国家安全生产监督管理局，安全科学技术研究中心组织编写. 危险化学品生产单位安全培训教程. 北京：化学工业出版社，2004.

[4] 王凯金. 石油化工安全概论. 北京：中国石化出版社，2006.

[5] 李志宁，李钧. 药品安全生产概论. 北京：化学工业出版社，2007.

[6] 张兆杰. 压力容器安全技术. 郑州：黄河水利出版社，2001.

[7] 吕继奎. 化工环保概论. 北京：化学工业出版社，2001.

[8] 朱宝轩. 化工安全技术概论. 第2版. 北京：化学工业出版社，2005.

[9] 陈性永. 化工安全生产技术. 第2版. 北京：化学工业出版社，2005.

[10] 郭继承，王彦灵. 焊接安全技术. 北京：化学工业出版社，2005.

[11] 李涛，苏志，张敏. 劳动者职业安全卫生读本. 北京：化学工业出版社，2006.

[12] 劳动和社会保障部组织编写. 安全生产普及知识百问百答. 北京：中国劳动社会保障出版社，2007.

[13] 孟燕华，胡广霞. 新员工职业安全健康知识. 北京：化学工业出版社，2005.

[14] 徐汝琦. 环境与资源概论. 北京：中国环境科学出版社，2005.

[15] 盖尔·伍德赛德，戴安娜·科库雷. 环境、安全与健康工程. 毛海峰等译. 北京：化学工业出版社，2006.

[16] 粟镇宇. 工艺安全管理与事故预防. 北京：中国石化出版社，2007.

[17] 钱易. 清洁生产与循环经济. 北京：清华大学出版社，2006.

[18] 国家环境保护总局科技标准司. 清洁生产审计培训教材. 北京：中国环境科学出版社，2001.